AF499995

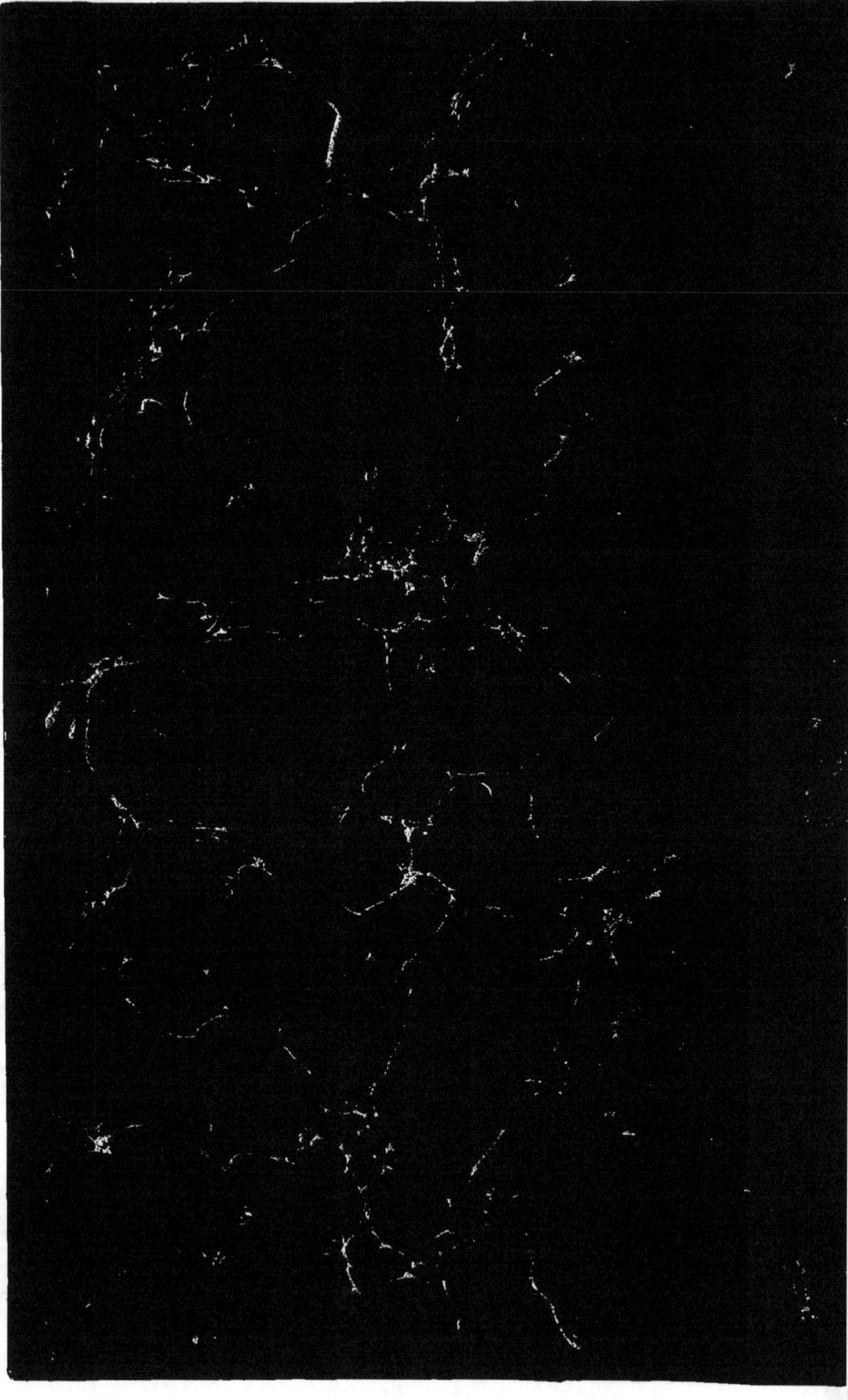

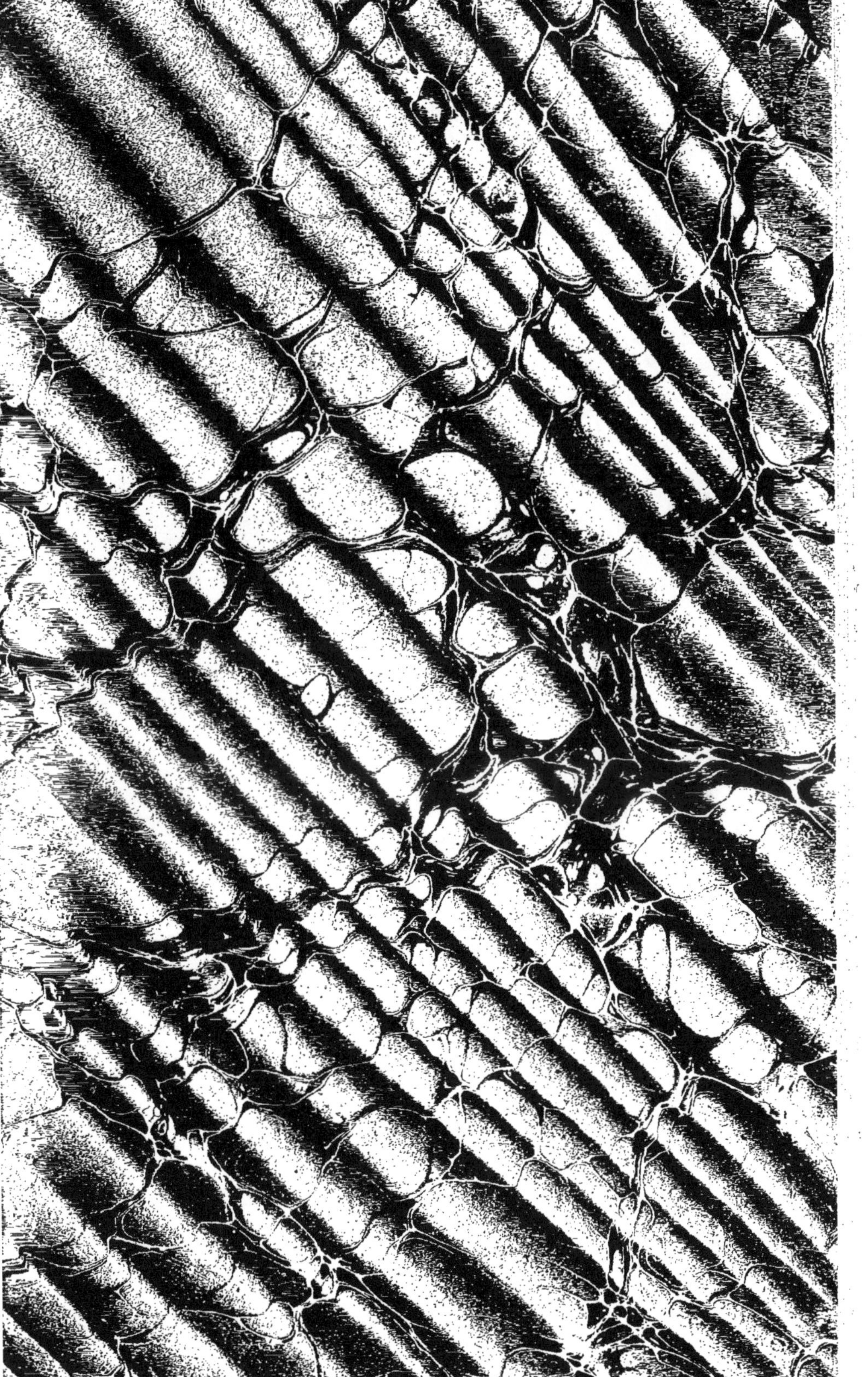

DE
LA FABRICATION
DU FROMAGE.

TOUL, IMPRIMERIE DE Ve BASTIEN.

DE
LA FABRICATION
DU FROMAGE,

PAR

LE Dr F^{o} GERA, DE CONEGLIANO.

TRADUIT DE L'ITALIEN

PAR

V^{or} RENDU,

INSPECTEUR DE L'AGRICULTURE.

Traduction couronnée par la Société royale et centrale d'Agriculture.

BIBLIOTHÈQUE ... I

PARIS,

A LA LIBRAIRIE ENCYCLOPÉDIQUE DE RORET,

RUE HAUTEFEUILLE, 10 BIS.

1843.

L'ouvrage italien du Dr GÉRA, peut être considéré comme un résumé des principes qui doivent guider dans la fabrication du fromage. L'auteur s'est appuyé sur les excellens écrits des Cattaneo, c'est la meilleure recommandation qu'on puisse faire de son livre.

DE LA FABRICATION

DU FROMAGE GRAS

DIT

STRACCHINO DE GORGONZOLA,

MÉMOIRE

TRADUIT DE L'OUVRAGE ITALIEN DE LOUIS CATTANEO.

DE

LA FABRICATION

DU FROMAGE.

INTRODUCTION.

On appelle *fromage*, la matière caséeuse plus ou moins mêlée avec le beurre, qui, au moyen de plusieurs opérations, se sépare du lait, se coagule et se change en une substance alimentaire susceptible d'être conservée plus ou moins longtems : cette substance peut se préparer simplement avec du lait de vache, ou avec le lait de différens animaux, tels que brebis ou chèvres, ou bien avec le lait de ces animaux mêlé à celui de la vache.

Le lait, abandonné à lui-même après avoir été trait, et dans la période de la caséification, c'est-à-dire, lorsqu'il se trouve aussi bien à l'état liquide que solide, subit plusieurs modifications par l'effet des agens chimiques et physiques; il se transforme ainsi en produits nouveaux. Conformément au principe admis par les physiologistes et les chimistes les plus modernes, relativement à d'autres substances, *Luigi Cattaneo*, dans son Mémoire sur la caséification, pense que *le lait, à partir du moment de sa sécrétion primitive jusqu'à sa décomposition, parcourt une période vitale.*

Quant à nous, nous croyons que le lait, une fois trait, est en dehors des forces vitales : c'est alors une substance essentiellement morte et d'une décomposition facile, et qui présente tous les caractères des vraies combinaisons indépendantes de la vie; aussi, dans l'état actuel des sciences physico-chimiques, conclurons-nous que le lait, semblable en cela à beaucoup d'autres substances analogues, est sujet à une espèce de fermentation, laquelle sépare d'abord la matière oléagineuse appelée *crême*, ensuite coagule la matière caséeuse (*fermentation coagulante*), et réduit enfin tout le lait en une substance vineuse ou acéteuse (*fermentation vineuse* ou *acide*).

Nous croyons donc que l'art bien entendu de la caséification, consiste à ralentir et à accélérer la fermentation coagulante, dans le cas où elle est trop rapide ou que le petit-lait commence à aigrir, et à empêcher la fermentation acide, spécialement dans la présure; ou bien encore qu'il consiste à modérer la fermentation, c'est-à-dire à diriger le lait dans toutes ses phases, afin que les opérations particulières aient lieu chacune en leur point précis, ou, comme on dit vulgairement, quand le lait est *mûr*.

Les règles sur lesquelles est fondé l'art de la caséification, proviennent des divers phénomènes qu'on observe pendant le cours de la fermentation: celle-ci peut se diviser en fermentation coagulante et acide, et de plus en fermentation régulière, accélérée ou retardée, selon qu'elle s'accomplit avec plus ou moins de célérité eu égard aux circonstances. Ces règles, simples, faciles et promptes, sont inaltérables dans leurs principes fondamentaux; elles varient seulement dans l'application. Ceci posé, on verra non seulement comment le lait, traité de différentes manières, produit différentes sortes de fromages; pourquoi l'on obtient diverses sortes de fromages, selon qu'on soumet le lait à la caséification aussitôt après avoir été trait, qu'on l'a laissé plus ou moins reposer, qu'on l'écrême plus ou moins et qu'on laisse la caséification parcourir toutes ses périodes. On verra encore pourquoi le lait, soumis au même procédé, donne des produits différens selon la saison, le pays, le mélange ou les qualités des fourrages, etc., etc., et même selon l'époque ou, pour mieux dire, le moment où commence la fermentation; parce que les propriétés et les conditions du lait varient à chaque instant. Toutes fois que le lait se transformera à l'état de fromage à son véritable point, lequel doit toujours être un et identique, bien qu'il y arrive à des heures différentes selon le territoire, la saison, etc., on aura toujours un fromage identique et parfait. Il ne faut donc accorder aucune créance au dicton suranné, qui veut que l'art de la caséification dépende entièrement du hasard.

DES LOCAUX. — NOTIONS GÉNÉRALES SUR LA FABRICATION DU FROMAGE.

Celui qui examine chez nous les emplacemens destinés à la fabrication du fromage, s'étonne avec raison du peu de propreté qui y règne. Pourtant tous les auteurs la recommandent continuellement, et l'on sait à n'en plus douter aujourd'hui, que les matières animales et végétales séjournant, même dans les plus petits recoins de ces emplacemens, répandent, en se décomposant, des exhalaisons fétides qui mettent en mouvement des êtres organisés, lesquels, souvent, sont la véritable cause de l'insuccès d'une opération d'ailleurs bien conçue et bien conduite. A ce sujet, *Raspail* fait observer avec raison, que la propreté des lieux où l'on dépose le lait, et l'égalité de leur température, sont les points essentiels à observer pour la manipulation du lait. Nous confessons donc, à notre honte, que nous sommes bien loin d'égaler les Belges, les Hollandais et les Anglais, dans cette propreté minutieuse avec laquelle ils tiennent leurs laiteries.

Le travail de la caséification dépend beaucoup de la construction et de la position des lieux destinés à conserver le lait et le fromage, et de la matière dont sont composés les ustensiles servant aux différentes opérations; c'est pourquoi nous croyons utile d'entrer à cet égard dans des détails circonstanciés.

Quand on est libre de choisir l'emplacement, il est bon de construire le bâtiment dans un lieu tranquille, éloigné des routes fréquentées, où les voitures pesantes qui y passent soulèvent une poussière nuisible, ébranlent les murailles; on doit, en outre, faire construire auprès d'un cours d'eau, ou, s'il est possible, auprès d'une source d'eau pure et fraîche.

Le bâtiment dont il s'agit doit être très simple, et la plus grande partie du rez-de-chaussée devra être placée à une certaine profondeur, c'est-à-dire au-dessous du niveau des terrains environnans; il doit aussi être divisé en quatre parties, savoir :

Camerino ou pièce où l'on dépose le lait pour qu'il repose (la pièce doit être partagée en deux parties, une pour l'hiver, l'autre pour l'été);

Casone ou *casello*, ou endroit pour fabriquer le fromage;

Casirola, lieu où l'on dépose le fromage aussitôt qu'il a été enlevé du chaudron, pour le saler ensuite;

Casara, magasin où l'on recueille et conserve le fromage [1].

[1] Nous ne parlerons pas ici du *parc* ni de l'*étable*, où se tiennent les animaux, parce que si ces choses font partie d'une *administration rurale*, elles ne sont cependant pas indispensables à l'objet dont nous nous occupons.

CHAPITRE PREMIER.

DES EMPLACEMENS ET DES USTENSILES NÉCESSAIRES.

—

ARTICLE PREMIER.

Du Camerino.

Les emplacemens destinés à garder le lait, sont divisés en *camerino d'hiver* et *camerino d'été;* le premier devra être construit au midi, le second au nord.

Il suffira cependant d'en avoir un exposé au nord, ou entre le nord et l'ouest, afin de pouvoir y maintenir facilement, en toute saison, une température fixe (8 à 10° R.), et afin d'empêcher la trop grande chaleur en été, et les vents froids et violens en hiver. Pour obtenir cette température, qui favorise la séparation de la crême, on aura, dans un coin de la chambre, un calorifère dont la porte se trouvera en dehors de la pièce, ou bien on imitera la méthode anglaise : celle-ci consiste à placer une petite chaudière dans l'endroit qui sert d'évier; plusieurs tuyaux en plomb partent de ce point, s'étendent en différens sens dans toute la pièce, et servent à conduire et à faire circuler l'eau chaude ou la vapeur. Le local devra encore être sec et bien aéré, au moyen d'une disposition convenable des portes et des fenêtres, ou bien à l'aide de ventilateurs, ou au moins par une ouverture pratiquée dans le plafond et dans le toit, laquelle puisse s'ouvrir et se fermer sans peine; et par ce moyen on augmentera ou l'on diminuera facilement la température, et l'on profitera de la fraîcheur des nuits d'été, pour diminuer la température de l'air ambiant.

Ajoutons à ces principes quelques courtes observations. Il est essentiel que la porte ferme hermétiquement; les fenêtres doivent être garnies de barreaux de fer, et de vitres fermant bien; les carreaux seront recouverts de papier huilé, afin de modérer l'action de la lumière. Il faut aussi se munir de jalousies et de châssis, sur lesquels on appliquera une toile métallique, destinée à établir, à volonté, une légère ventilation et à fermer en même tems tout accès aux rayons solaires et aux insectes. Autour de la chambre se trouveront rangés les tables ou les bancs qui doivent supporter les vases contenant la crême et le lait. Les tables seront formées d'un ais de 11 centimètres de grosseur, soutenu par des supports en fer ou en bois, fixés au mur à la hauteur de 65 centimètres environ. Dans les grands établissemens on remplace les ais en bois, par du granit, de la basalte, du schiste ardoisier, ou une pierre vive quelconque, et ainsi on enlève plus facilement au lait sa chaleur naturelle. Quelle que soit la matière dont les ais soient faits, ils doivent être légèrement inclinés et bien unis, propres et parfaitement joints, afin qu'on puisse les laver facilement, et qu'ils ne conservent pas une odeur de lait aigri. Dans la partie supérieure on pratiquera des cannelures parallèles et longitudinales, pour recueillir toute l'humidité qui s'y trouve, et la rejeter au-dehors ; ces cannelures, toutefois, ne doivent pas être prodiguées ; elles seraient mieux placées dans les coins, pour que les vases puissent être appuyés solidement, et pour rendre plus aisés les soins de propreté. Ces tables sont disposées en gradins jusqu'à une certaine hauteur ; le milieu de la chambre est occupé par une autre grande table en pierre, autour de laquelle on puisse librement circuler, et cela afin de faciliter et d'accélérer les opérations. Enfin il est de la plus haute importance que l'eau soit abondante et qu'on la recueille dans des vases ad hoc, et qu'elle puisse courir sans empêchement sur les tables et sur les dalles ; c'est pourquoi, dans les lieux où l'on n'aura pas de fontaine à proximité, on devra faire construire de grands réservoirs : en amenant l'eau vers la partie la plus élevée du plafond, on pourra abaisser à volonté la température, et renouveler l'air au moyen d'une pluie artificielle. Il va sans dire que les eaux devront s'écouler au dehors et loin de l'établissement.

C'est d'après ces données que le célèbre de Perthuis nous donne son modèle de laiterie; les figures 1 et 2 représentent le *camerino* proprement dit, *a*, entouré de plusieurs rayons de planches *b*, et plus haut les tables ou bancs *k*. On y voit aussi le réservoir *d* et un conduit *h* qui apporte l'eau à l'intérieur, pendant que d'autres conduits couverts *ff* la portent au dehors: il y a ensuite un lavoir *ee* avec son évier *j*, pour nettoyer tous les ustensiles de l'établissement.

Ce même auteur (*Trait. d'Architect. rur.*) nous donne également le plan et la description d'une laiterie de la Brie. La figure 3 représente le *camerino a*, entouré des rayons nécessaires. On peut le laver commodément au moyen des réservoirs *ff* et du conduit d'écoulement *g h*. On lave les ustensiles dans la chambre *c*, qui est auprès de l'évier *g*: le lieu où l'on garde le fromage *d* doit être exposé au midi, et doit être muni d'un poêle, afin de réchauffer l'air ambiant si le froid était rigoureux.

La laiterie que nous a décrite *Aderson*, fournit un bon modèle à suivre; nous le reproduisons aux figures 4 et 5. On voit le *camerino a* placé au centre du bâtiment et entouré de tous côtés par un corridor et une voûte, avec une entrée *b* percée au nord, et une porte *f* qui donne dans le lavoir. La glacière *e*, qui devrait toujours exister dans ces établissemens, y est comprise; viennent ensuite l'âtre *f* et le lavoir *d*; puis une fenêtre intérieure *e*, qui correspond avec une autre fenêtre intérieure *g*; enfin un ventilateur *d*, plus particulièrement décrit (fig. 6), afin de faire bien comprendre la position et l'usage des petites portes mobiles situées en haut *i*, en bas *k*, et sur les côtés.

ARTICLE DEUXIÈME.

Du casone.

Le *casone* ou *casello* est le lieu où l'on fait le fromage et le beurre.

Ce qui a été dit pour la construction du *came-*

rino peut servir de guide pour celle du *casone*, pourvu qu'on s'y prenne comme il faut. Le plancher devra être construit en pierres dures, pour faciliter le nettoiement; il devra aussi être légèrement incliné, afin que l'eau et le petit-lait puissent s'écouler promptement hors de la pièce: les murs devront être lisses, afin de pouvoir être lavés.

Pour remuer le lait, rompre et diviser la présure, il est nécessaire d'avoir dans ce local quelques ustensiles, d'ailleurs fort simples : au premier coup-d'œil, ils ressemblent à des bâtons; mais en les observant de plus près, on s'aperçoit qu'ils offrent des dissemblances, à partir de leur milieu jusqu'à leurs extrémités (fig. 7). En effet, A est une branche de sapin à laquelle on a conservé ses nœuds naturels et ses sinuosités particulières ; EE se compose d'un bâton en bois auquel sont adaptés des cercles de même matière.

Dans nos *casoni*, on se sert de deux bâtons de bois, dont l'un appelé *spino* D, a, dans le tiers de sa longueur, plusieurs chevilles fixées horizontalement et à angle droit, et l'autre nommé *rotello*

E, doit être aussi long que la chaudière est haute, depuis sa base jusqu'à l'arc que fait le manche (une roulette est fixée à l'une des extrémités de ce bâton, et sert à rompre la présure, et à remuer le liquide lorsqu'il est dans la chaudière). F, G, H, sont des instrumens de même nature dont on se sert dans les différens pays, et que nous ferons connaître à mesure que l'occasion s'en présentera.

C'est aussi dans cette chambre que doit se trouver la cuve destinée à garder l'*agra* (c'est-à-dire le petit-lait suri); sa grandeur varie selon les besoins. C'est avec l'*agra* qu'on obtient la *mascherpa*.

Il est indispensable d'avoir à sa disposition un galactomètre et un lactomètre pour s'assurer de la bonté du lait, de la diminution de la crême, et de l'eau qu'on y a ajoutée.

En Suisse et dans d'autres endroits, on a coutume de se servir du *galactomètre* pour mesurer la bonté du lait; cet instrument est construit sur les mêmes principes que les aréomètres communs. C'est une boule vide (fig. 8) traversée par un axe dont le côté plus long est marqué de plusieurs divisions, et l'autre plus court, sert de contre-poids pour que l'instrument se maintienne dans une position verticale. Au bout de la grande branche est marqué un zéro (*o*) ; l'espace compris entre ce *o* et le globe, est partagé en 8 parties ou degrés, lesquels sont subdivisés en quarts (4). La boule est équilibrée, de manière qu'en la plongeant dans de l'eau distillée (à la température de 10° R.), le zéro se trouve à la superficie du liquide. L'instrument descend d'autant plus avant, que le liquide dans lequel il plonge est plus léger. La crême est la substance la plus légère qui entre dans la composition du lait; si donc on diminue la quantité de crême, on augmentera d'autant la pesanteur spécifique du lait; en outre, l'eau étant plus légère que le lait, diminue sa densité; si l'on y plonge l'instrument, il s'enfoncera moins dans le premier cas, et davantage dans le second. Le galactomètre, plongé dans le lait naturel, marque de 4 $^1/_2$ à 5°: si on y mêle de l'eau, de 3 $^3/_4$ à 4°, et cela plus ou moins, selon la quantité d'eau qu'on y mêle; lorsqu'il vient d'être écrêmé, il marque 5 $^1/_4$. Ainsi le lait dans lequel le galactomètre monte plus haut que 3, est écrêmé, et s'il descend plus bas que 4, il est mêlé à de l'eau. Si le lait a été écrêmé, et si l'on y a ajouté de l'eau, on ne peut reconnaître la fraude qu'à l'aide du lactomètre à tube.

Le *lactomètre* imaginé à Londres, par *Banks* (fig. 9), est bien plus convenable à l'objet en question, en ce qu'il a été employé à des applications positives : c'est pourquoi il est très recommandable et de très grande utilité. Au moyen de cet instrument, dit le docteur *Antoine Cattaneo*, on peut reconnaître la quantité de crême et de beurre contenus dans toute espèce de lait, ainsi que celui produit par chaque animal en particulier, selon la saison, l'état de santé, la bonne ou mauvaise condition du régime alimentaire. On pourra mêler le lait provenant des différens animaux plus ou moins riches en matière laiteuse, dans le but d'obtenir des produits particuliers. On pourra facilement mesurer la quantité de crême contenue dans le lait acheté, et ainsi ne le payer qu'en proportion de la crême qu'il contient. Au moyen de cet instrument, on peut s'assurer si, dans des manipulations en grand, on obtient autant de matière essentielle pour faire le beurre, que l'on en avait obtenu dans des essais faits sur une moindre échelle; on peut enfin, dans les administrations en commandite, évaluer la richesse du lait remis par chacun des associés, et par là diviser les bénéfices en raison de la matière utilisée.

Le *lactomètre* est un cylindre étroit en verre blanc, soutenu par un socle de 027 millimètres de diamètre, et 21 à 27 centimètres de hauteur. On colle une bande de papier blanc sur la partie extérieure de ce cylindre; au bout de 12 heures, on marque sur le papier deux lignes qui doivent indiquer, avec une très grande exactitude, l'épaisseur de la couche de crême venue à la superficie; on vide le lait, on rince le vase, et on remet une égale quantité de lait du même troupeau (ce lait doit avoir été trait en présence des commissaires délégués) ; on place le vase au même endroit, à la même température, et après 12 heures, on observe ce nouveau lait ; la différence d'épaisseur de la couche de crême, fait connaître s'il y a eu falsification dans le premier lait dont on soupçonne la pureté.

Mais ce qu'il est plus essentiel de connaître que la bonté du lait, c'est le degré où est parvenue la fermentation, et de combien elle peut avancer dans les quelques heures qui s'écouleront avant de soumettre le lait à la caséification, et par là déterminer l'heure la plus convenable pour commencer la manipulation. La physique nous fournit, dans l'électromètre, le baromètre, l'hygromètre et le thermomètrographe, des moyens certains pour vérifier l'objet en question. En effet, l'électromètre ou électroscope servira à reconnaître avec précision la présence et la nature de l'électricité, et à évaluer son degré d'énergie. Les changemens de tems, les grandes commotions atmosphériques qui peuvent nuire à la marche régulière de la caséification, se reconnaissent d'avance par le baromètre et l'hygromètre. Ces deux instrumens et particulièrement le dernier, nous indiquent si l'atmosphère est plus ou moins imprégnée de vapeurs. Et tandis que le thermomètrographe indiquera le *maximum* et le *minimum* de la température pendant la nuit, on devra consulter fréquemment le thermomètre, afin de connaître la température intérieure du lieu où le lait repose, et de la régler selon les besoins. Le thermomètre à immersion ou d'essai, à mercure, sera encore plus utile : on se sert de cet instrument pour estimer le degré de chaleur du lait, attendu que le calorique a la propriété de le dilater. Le thermomètre à mercure est préférable, parce que sa dilatation est conforme ou proportionnelle aux degrés de chaleur, dans l'étendue de certaines limites. Quand le mercure reçoit les impressions de la chaleur, il monte dans le tube et se dilate; il devra donc s'y élever, toutes les fois que l'on placera le thermomètre en contact avec un corps plus chaud que lui; il devra, au contraire, descendre, lorsque le corps ou le liquide dont on l'approchera, ou dans lequel on le plongera, sera plus froid. Le tube doit être fixé à une lame de laiton ou bien à une planchette, sur lesquelles les degrés devront être marqués, d'un côté, selon le système de *Réaumur* (c'est-à-dire l'eau bouillant à 80°) de l'autre, suivant la mesure centigrade (ou l'eau bouillant à 100°). Le globe du tube doit faire saillie en dehors de la planchette, et en être entièrement isolé; on ne plonge que le petit globe dans le liquide dont on veut mesurer les degrés de chaleur.

DES VASES DESTINÉS A RECEVOIR LE LAIT PENDANT LA SÉPARATION DE LA CRÊME.

Aussitôt que le lait est trait, on le porte dans les *secchielli* (petits seaux) mêmes qui ont servi à le traire, à la chambre à lait où tout doit être rangé. On met le lait de chaque vache en autant de pots différens (qui, pour cette raison, doivent être de diverses dimensions); ceux-ci sont placés dans le même ordre où se trouvent les vaches à l'étable; et afin que l'opération de traire ne soit pas interrompue, le transport s'opère par un aide, qui peut être indifféremment un jeune garçon ou un valet.

Il est bon aussi, que chacun de ces vases porte un chiffre représentant son poids exact, et que sa capacité soit divisée en litres et demi-litres, représentés par des signes disposés par degrés. De cette manière, on peut de suite reconnaître la quantité de lait donnée, chaque jour, par chaque animal; sa densité, ainsi que la quantité de crême produite chaque jour, par le lait de chaque vache.

Cependant, le lait, avant d'être versé dans les vases (*piatte*, fig. 21) destinés à la séparation de la crême, doit être passé au couloir (*alcolatoio*, fig. 15, 16, 17, *a*) pour le purger de toutes matières hétérogènes, telles que poils, mouches, brins de paille, etc., qui pourraient s'y être introduits. On se sert ordinairement d'un sac commun en crin, en guise de couloir; le sac préférable est celui qui offre la forme d'un cône tronqué, et dont l'ouverture moindre présente un fond métallique en fil d'argent très fin; ce dernier, peu dispendieux, est bien plus durable; il est, en outre, supérieur à tout autre.

Dans cette opération, ainsi que dans les autres préparations de même nature, il ne faut pas trop agiter le lait: l'expérience prouve, en effet, que la mousse s'oppose plus ou moins à l'ascension de la crême.

Mais quelles doivent être la nature et la forme des vases destinés à la séparation de la crême?

Chez nous, ils sont, en général, en cuivre, parce que, en définitive, ce sont les plus économiques; mais, dans quelques contrées de la Hollande, ils sont en cuivre ou en laiton. « Ces métaux, dit M. l'avocat *Berra*, ne laissent jamais une entière sécurité sur leur emploi, attendu l'extrême tendance du cuivre à s'oxider, lorsqu'il se trouve en contact avec un liquide qui passe facilement à la fermentation acide. » On veut aussi que ces vases présentent à l'atmosphère un moteur électrique très actif, capable d'appeler sur le lait un courant électrique qui le porte en très peu de tems à la fermentation I. C'est donc avec raison que les maîtres de l'art ont toujours repoussé cette pratique; *Bayle Barelle* n'est pas éloigné de croire que la couleur verdâtre que présentent certains fromages de rebut, provient de quelques parcelles de cuivre, dissoutes dans le lait renfermé dans des vases formés de ce métal : on doit donc apporter une vigilance extrême à cet égard; le plus prudent serait de renoncer aux vases en cuivre, attendu les accidens qui peuvent en résulter, tant pour la bonne réussite des fromages, que pour la salubrité publique.

Dans quelques laiteries, on a tenté de se servir de vases en cuivre étamé; mais comme l'étamage dure peu par suite des nettoyages journaliers faits avec des substances rudes, telles que du sable, de la cendre, etc., et que le renouvellement en est fort coûteux; on a abandonné cette pratique qui n'améliorait même pas la caséification. C'est donc à tort qu'on lit dans les ouvrages étrangers d'Agriculture, que chez nous, les vases destinés au repos du lait sont en cuivre étamé. C'est certainement par méprise que *Luiggi Peregrini* appelle cette méthode une excellente précaution : loin de là, l'alliage de ces deux métaux mouillés par le lait, produit une pile électrique tout-à-fait nuisible.

Les ustensiles de cuivre quels qu'ils soient, doivent toujours être propres et luisans, et plus que tous autres, les *piatte*, dans lesquels le lait séjourne le plus long-tems.

On a proposé de frotter ces ustensiles en cuivre avec de l'*acide sulfurique dissous dans sept huitièmes d'eau, et mêlé avec de la pierre-ponce ;* mais cette pratique serait très mauvaise. L'acide sulfurique concentré attaque peu le cuivre quand il est bouillant ; mais lorsqu'il est délayé, il l'attaque immédiatement avec un dégagement de gaz sulfurique, dont on ne peut faire disparaître l'odeur que fort difficilement. De plus, chaque parcelle de pierre-ponce est angulaire, ce qui produit de petites rayures à la superficie du cuivre. Une autre considération s'oppose encore à l'adoption de cet usage dans les exploitations rurales : les gens qui nettoient les ustensiles, appartenant aux dernières classes de la société, il serait très dangereux de leur confier de l'acide sulfurique: le meilleur moyen pour nettoyer ces ustensiles, est de se servir de chaux hydratée. Son action mécanique et absorbante ne laisse rien à désirer pour le nettoyage.

Berra, après avoir rejeté les vases en cuivre, propose des vases en fonte, comme en Angleterre, ou en bois comme en Suisse. Ils sont fabriqués avec des bois légers, tels que le *frêne*, le *saule*, le *mélèze*, le *sapin*, le *châtaignier*, le *tilleul* et l'*érable*; ce dernier doit être préféré sous tous les rapports. Cependant, les vases en bois sont soumis à quelques conditions de rigueur. Premièrement, ils doivent être en bois très fin, bien joints, et tenus très propres; ces vases exigent des soins tout particuliers. Ils conservent assez bien le lait; seulement, celui-ci se refroidit un peu moins vite que dans les vases en terre ou en métal. Ils ne sont pas si fragiles, et garantissent le lait de l'action des courans électriques qui hâtent sa coagulation. On prétend cependant que, dans l'été, ces vases se prêtent mal à la séparation de la crême d'avec le lait, et qu'ils contractent une odeur aigre et désagréable, qu'il est presqu'impossible de faire disparaître. Voici comment *Barelle* répond à ces objections : quant à la première, il dit : « Que dans toute la Suisse, on ne se sert que de vases en bois, et cependant personne ne se plaint d'un tel inconvénient ; s'il arrive parfois, en été, que la crême ne se sépare pas promptement, cela dépend de la hauteur des vases, ou du peu de superficie qu'ils présentent, ou de la température, ou bien encore d'autres circonstances météoriques. » Il résulte, en effet, des expériences de *Parmentier* et *Deyeux*, que cette séparation n'a pas lieu entièrement, au-dessus et au-dessous de 12°, et lorsque le tems est orageux. » Il répond ainsi à la seconde objection : « Dans beaucoup de villes, on défend aux crêmiers de conserver le lait dans des vases en cuivre ; ils en ont, conséquemment en bois, qu'ils préfèrent à ceux en terre, ces derniers étant trop fragiles ; en nettoyant avec soin et fréquemment les vases, on parvient à les garantir de l'odeur désagréable qu'ils contracteraient infailliblement sans cette précaution. » Néanmoins, le docteur *Peregrini* prétend que cet inconvénient est presque inévitable, et que, malgré les soins les plus minutieux, la substance ligneuse finit par absorber un peu de lait, qui, ne pouvant être enlevé par aucun lavage, ni aucun frottement, occasione cette odeur aigre et rebutante, qui s'exhale plus ou moins des vases en bois.

Les vases en fonte employés dans les laiteries anglaises et écossaises, sont très avantageux sous tous les rapports, et devraient être préférés, parce qu'ils refroidissent plus promptement le lait, et qu'à proportion égale de lait, ils donnent une plus grande quantité de crême; à l'aide d'une préparation qu'on leur fait subir, en les soumettant à un feu de charbon de bois, ces vases acquièrent un tel degré de ductilité, qu'ils tomberaient d'une certaine hauteur sur la pierre sans se rompre. La superficie intérieure en est lisse et polie, et revêtue d'un bon étamage, afin de prévenir le contact du lait avec le fer : cet étamage dure plusieurs années, et lorsqu'il est détruit, il est facile de le remplacer.

Ces vases sont vernissés à l'extérieur, afin de les garantir de la rouille.

Les vases en plomb, quoique employés dans certaines parties de l'Angleterre, doivent être entièrement bannis, attendu la facilité avec laquelle le lait aigre dissout le plomb, et forme avec lui des combinaisons dangereuses. L'étain est aussi employé à la fabrication des vases propres à contenir le lait et la crême : de tels vases contribuent beaucoup à la séparation d'une quantité de crême plus grande. Le zinc, dont on se sert depuis long-tems en Amérique et dans le Devonshire, semble destiné à remplacer, en Angleterre, tous les autres métaux employés à la fabrication des vases à lait. Plusieurs expériences à peu près décisives, prouvent que les vases en zinc déterminent une séparation de crême bien plus grande que toute autre matière quelconque. Il serait nécessaire, cependant, de rassembler des faits bien précis sur l'emploi de ce métal. Dans tous les cas, la prudence conseille d'user avec ménagement du lait qui a séjourné pendant quelque tems dans des vases en zinc, et de ne pas faire boire aux animaux le petit-lait provenant des différentes préparations, parce que ces substances mordant sur le métal, doivent, par cela même, contracter des propriétés astringentes et vomitives, qui pourraient, à la longue, devenir nuisibles à la santé.

Les terrines ou vases de terre communs, sont fort employés et sont très aptes à recevoir le lait, et à le conserver. Les meilleures terrines sont confectionnées avec diverses terres : leur pâte est compacte, fine, propre, bien cuite et impénétrable. Quand la pâte est légère et poreuse, on la recouvre d'une couche de vernis dans la composition duquel il ne doit pas entrer de plomb. Les vases en grès sont les plus estimés. Néanmoins, comme les vases de terre sont en général très fragiles, leur usage souffre naturellement de cet inconvénient. Quelques individus ont essayé de se servir de vases en verre, en faïence et en porcelaine; ces ustensiles seraient très bons, s'ils n'étaient aussi fragiles et aussi coûteux.

Une très bonne substance, pour la fabrication

des vases à lait, c'est le fer-blanc. Cet alliage métallique coûte fort peu; il n'est pas nuisible, appliqué aux usages économiques; il pèse peu, circonstance digne de considération; il est, en outre, assez fort et assez résistant pour durer plusieurs années. Observons toutefois qu'il ne faut pas y laisser s'aigrir le lait; cette négligence pourrait entraîner beaucoup d'inconvéniens.

Les vases destinés à la séparation de la crême, ne doivent pas avoir une forme arbitraire, mais bien celle qui sert le plus au but proposé dont nous avons parlé. Si les vases sont trop larges et peu profonds, la crême ne pouvant former qu'une simple pellicule, se dessèche promptement, et contracte de l'âcreté, parce qu'elle offre trop de superficie à l'air. Les vases, au contraire, sont-ils trop hauts et trop étroits, les globules butyreux tardent trop à se porter à la superficie. Ces vases doivent, en général, présenter peu de profondeur et beaucoup de surface, afin que les parties émulsives du lait, qui composent la crême, nageant dans un liquide plus dense qu'elles, se portent plus vite à la superficie, et que ses périodes vitales deviennent plus lentes, et qu'il faille un plus grand espace de tems pour arriver à cette fermentation acide, qui serait plus prompte si le lait était recueilli en grande quantité; ces vases sont, en outre, plus favorables au refroidissement du lait.

La capacité des vases doit être en raison des besoins. Les vases trop grands sont incommodes, et relativement plus coûteux que les petits. Ceux dont les dimensions sont trop resserrées ressentent plus facilement les variations de la température, et ont l'inconvénient de ne pas donner à la crême le tems de se former. Le nombre des vases est variable, et dépend de la quantité des bestiaux et de l'importance de la ferme, qui, lorsqu'elle est bien administrée, doit avoir un double assortiment d'ustensiles. Les dimensions ordinaires des vases dans les châlets suisses, sont de neuf centimètres de hauteur sur quarante-huit de largeur. En Angleterre et en France, les dimensions qui semblent le plus généralement adoptées dans les laiteries les mieux dirigées, sont de 41 centimètres de diamètre à la partie supérieure, et de 16 centimètres à la partie inférieure ainsi qu'en profondeur. Ces proportions sont les plus favorables au refroidissement lent et gradué du lait, et à la séparation complète et prompte de la crême.

Chez nous les dimensions varient, tant en hauteur qu'en largeur; mais ordinairement elles sont de 53 à 41 centimètres de diamètre en largeur, et de 5 à 10 centimètres de hauteur.

DES AUTRES USTENSILES.

Le *cibro* ou *zibro* de la crême (fig. 23), petit baquet en bois, qui sert à recevoir la crême à mesure qu'on l'enlève, lorsqu'on doit mêler le lait trait le soir avec celui trait le matin.

La *pannarola* (fig. 22), ou écuelle en bois que l'on emploie pour écrêmer le lait.

Le *ramino* (fig. 18 et 19), qui sert à transvaser le lait. Le *vase au lait* (fig. 20), qui est en bois blanc avec des cercles de même matière, et dont on se sert en Hollande. Le *disco* (fig. 25) dit *anima* (ame), que l'on pose sur le lait, lorsqu'on le porte. Le *secchione* (grand sceau) (fig. 12), pour transporter le lait au lieu de repos, *secchione* qui, dans la basse *Insubrie* contient à peu près deux *brente*. Le *secchio* (seau) à bec (fig. 13), employé en Suisse. Le *mastello* (baquet) de mesure (fig. 11), dans lequel on verse le lait aussitôt trait, et qui est marqué en dedans comme la *quartara*, un autre seau (fig. 10). Le *rinsfrescatojo* (seau à rafraîchir) (fig. 14), grand vase de fer-blanc ou de zinc avec deux mains. Le *scolatojo* (égouttoir) (fig. 24), auquel on accroche les seaux renversés, pour les faire égoutter et sécher. Ensuite les cuveaux, les vases, les seaux, les écumoirs, les écrêmoirs, les passoirs, etc., etc. Nous n'oublierons pas non plus les vases indispensables aux diverses opérations qu'entraîne la fabrication des différentes espèces de fromage.

Pour la confection de certaines qualités de fromage, il est nécessaire d'avoir des cuveaux de diverses grandeurs, c'est-à-dire, plus ou moins longs ou plus ou moins profonds, en raison de la quantité de lait que l'on veut manipuler : c'est dans ces vases que l'on divise et rompt la présure.

La cuiller de cuivre trouée, en forme de truelle (fig. 40) sert à séparer la *mascarpa* du petit-lait.

Plusieurs couteaux sont nécessaires. Il en faut d'abord un en forme de spatule (fig. 41), avec le manche et la lame tout en bois : la lame, qui doit être fine autant que possible sur les bords, sert à rompre la présure. Un autre couteau (fig. 42) sert à gratter la superficie du fromage, afin d'en enlever les impuretés. Dans le *Gloucester*, il y a des couteaux formés d'un manche en bois (fig. 43) long de 11 à 14 centimètres, avec deux ou trois lames en fer bien poli, longues de 33 centimètres, et larges de 34 millimètres près du manche, et allant en diminuant vers la pointe, où elles n'ont plus que 20 millimètres. Les côtés sont obtus et en s'arrondissant peu à peu à l'extrémité, à peu près comme un couteau à papier, ou semblable à un couteau d'ivoire.

Il est aussi nécessaire d'avoir plusieurs morceaux de toile ou de tissus plus ou moins fins de différentes grandeurs, pour envelopper les fromages. Chez nous, on nomme *patte*, le tissu en gros fil, de 120 centimètres sur 180 centim., qui sert à recueillir la pâte du fromage, quand on l'enlève du chaudron pour la mettre dans le *secchione* et ensuite dans la *fasciera* (forme). On ôte ce dernier, lorsqu'on met cette même pâte sur un tissu de ficelles, de 70 centimètres sur 70, qui s'appelle *pattone*. Ces ficelles laissent sur les deux côtés du fromage des rayures qui facilitent l'écoulement du petit-lait et des parties fermentescibles. Nos formes ou modèles, *fasciere*, sont composées de quelques cercles en bois très souple entortillés ensemble; ils consistent en bois de hêtre ou de sapin. Ces *fasciere* servent à donner la forme à la pâte du fromage: quand on l'a séparé du petit-lait, il reste dans les formes pendant tout le tems de la salaison. Ces formes peuvent varier, et elles varient, en effet, d'aspect et de grandeur: dans le Wiltshire, elles représentent des lièvres, des lapins, des dauphins, etc.; et dans le royaume de Naples, le fromage *cacciocavalli* prend la forme d'une poire, de globe, d'oiseaux, de chevaux, etc. La *fasciera* que nous donnons pour modèle (fig. 44), a 27 centimètres de largeur et 90 de longueur : il y en a qui comptent 14 à 16 centimètres de hauteur sur 10 millimètres d'épaisseur, et 1 mètre 85 centimètres de longueur (fig. 45). Une des extrémités dépasse celle dans laquelle elle s'emboîte, d'environ la sixième partie de la circonférence. Cette extrémité, vers son milieu, donne attache à un morceau de bois qui est traversé dans les deux tiers de sa longueur par une raie ou cannelure. Cette raie sert à passer la corde qui est arrêtée à l'autre extrémité extérieure du cercle, et par le moyen de laquelle on resserre et on desserre cette extrémité selon les besoins, et on retient le cercle au point désiré, en attachant à un morceau de bois, par un nœud, le bout de la corde qui passe dans la raie. Telles sont les formes dont on a coutume de se servir dans la fabrication du fromage de Gruyère. On fait aussi des formes dont le diamètre peut être augmenté ou diminué, au moyen d'une corde qui entoure la circonférence; assurée à l'une des extrémités, on l'attache par différens crochets, aux divers points d'un ais dentelé fixé dans le cercle. En Hollande, ces formes sont faites au tour, et trouées dans un seul morceau de bois. Dans le Gloucester, leur construction est basée sur le même principe, et le fond en est extérieurement uni, afin de pouvoir servir réciproquement de couvercles, lorsqu'on les met les unes sur les autres sous le pressoir. Les dimensions les plus convenables, pour le *double Gloucester*, sont de 40 centimètres de diamètre, et 11 de profondeur; pour le *simple*, on conserve le même diamètre, mais la profondeur est limitée à 6 centimètres. Il est toujours bon d'avoir un assortiment complet de formes de diverses grandeurs, ou au moins en assez grand nombre pour contenir le fromage qui doit être fabriqué de suite, et cela surtout dans nos fermes, où le fromage reste un espace de tems assez long, à cause de l'opération de la salaison.

Les *fasciere* en usage pour fabriquer le fromage du *Cantal*, ont aussi différentes formes et dimensions (fig. 46). Ainsi la forme entière D est composée 1° d'une petite boîte cylindrique A, dans le fond de laquelle on a pratiqué cinq trous; 2° d'un petit cercle en bois de hêtre B, dont les extrémités ne se touchent pas; et 3° enfin, d'une portion de cône concave C dit *ghirlanda* (guirlande) que l'on place sur la cuvette B, qui complète la forme par le haut; la guirlande a environ 8 centimètres de large; le diamètre de l'ouverture supérieure est de 16 centimèt., et celui de l'ouverture inférieure de 21 : toutefois ces dimensions peuvent varier.

DES PRESSOIRS.

Afin de faire écouler le petit-lait plus promptement, on emploie également chez nous un rond en bois entouré d'un cercle en fer, qu'on superpose au fromage, et qu'on y laisse jusqu'à ce qu'il soit bien égoutté et bien refroidi. Autrefois on avait coutume de poser sur ce rond, des pierres d'une certaine pesanteur ou des poids, afin de rendre la matière plus dense; mais on a reconnu cette pratique inutile, aussi l'a-t-on abandonnée. Cependant, comme on a trouvé dans certains pays, qu'il était avantageux de comprimer le fromage dans un même tems et d'une manière égale, on a inventé plusieurs mécanismes appelés pressoirs : nous rapporterons ici les principaux.

Dans quelques châlets suisses ces instrumens consistent, pour ainsi dire, en une simple table ou caisse remplie de pierres, qu'on élève et abaisse au moyen d'une corde et d'un levier (fig. 29). Dans d'autres localités ils sont plus compliqués ; M. Bouvie à Voivre, département de la Meuse, emploie pour fabriquer le fromage façon de Gruyère, le pressoir dont nous donnons plus loin la figure (fig. 30,31,32,): il est représenté par sa base, de face et de côté.

Le pressoir que l'on emploie en *Auvergne*, se compose d'une table soutenue sur quatre pieds : un petit canal circulaire entoure l'endroit où est placé le fromage. A la partie supérieure se trouve un ais mobile chargé de grosses pierres. La table est fixée à deux montans placés à l'une des extrémités; on la soulève de l'autre au moyen d'un levier, et on arrête le mouvement avec une cheville que l'on met dans les trous d'un troisième montant placé à l'autre extrémité; à *Leyde* on emploie un autre pressoir : nous en donnons également la figure (fig. 33). Pour quelques fromages hollandais on se sert d'un pressoir léger (fig. 34 et 36).

On a inventé dernièrement, en Angleterre, un pressoir en fonte qui mérite d'être connu.

Cette machine produit les effets suivans : la forme qui contient le fromage est placée sur le rond inférieur A (fig. 37) ; le rond supérieur B descend sur l'inférieur et le comprime. Il y a deux moyens de pression, l'un prompt et facile, on ne l'emploie qu'autant que la résistance n'est pas trop forte; l'autre, plus lent mais plus puissant, est destiné à compléter l'opération. Sur l'axe C de la roue D, il y a un rochet de huit dents que l'on ne peut apercevoir sur le dessin, et qui s'engrène dans la branche dentelée R ; sur l'arbre E il y a un autre rochet de 8 dents, caché pareillement par les autres parties, qui s'emboîte dans la roue D composée de

24 dents. Cet arbre E peut être mis en mouvement par la manivelle H, de manière que la branche dentelée descende de 8 dents, et que le rond B s'abaisse jusqu'à toucher le fromage : la pression commence alors ; lorsque la résistance devient forte, on emploie le second moyen en agissant sur la branche dentelée. L'arbre E, outre le rochet dont il vient d'être parlé, porte une roue aussi à rochet F ; le levier I qui, à cause de la fourchette qui le termine, embrasse la roue F, a aussi son point d'appui sur l'arbre, autour duquel il peut tourner librement. Dans la fourchette du levier I il y a un petit loquet que l'on voit dans le dessin séparé G, qui, tournant dans le rochet K, peut être poussé dans les dents de la roue à rochet F. Les choses ainsi disposées, si le levier I est élevé au-dessus de sa position horizontale, et que G soit obligé en F, l'arbre E et ses rochets tourneront avec une grande force, lorsqu'on fera descendre le bout du levier I ; et en le baissant et le relevant alternativement, on pourra donner au fromage le degré de pression nécessaire. Après cela, si l'on

veut continuer à le presser graduellement, on élevera le levier au-dessus de sa position horizontale, et on suspendra à son extrémité le poids N, qui le fera descendre à mesure que la masse de fromage cédera. On peut arrêter la pression et empêcher que le rond B ne descende, en poussant la cheville P, dans le trou pratiqué à cet effet dans le châssis en fonte.

Enfin nous rappellerons le fameux pressoir pneumatique du sieur *Robinson*. Cet appareil (fig. 38) se compose d'un châssis en bois d'environ 1 mètre de hauteur, sur lequel est posé un vase A de cuivre étamé ou de zinc, d'une capacité quelconque; il est destiné à contenir le caillé. Ce vase a un fond mobile en bois, disposé en barreaux, couvert d'une toile métallique; sous ce fond, le vase a une ouverture d'où part un tube vertical C de 33 centimètres de long, qui va se terminer dans un vase fermé B, avec un robinet F, d'une capacité assez grande pour contenir tout le petit-lait du vase supérieur A. Sur l'un des côtés du châssis il y a un petit corps de pompe D, d'environ 24 centimètres de hauteur, d'où part un petit tuyau aspirant E, qui communique avec la partie supérieure du vase B. Ce tuyau porte à sa partie la plus élevée une valvule qui s'ouvre par en bas. Le piston est mis en action par un levier qu'on peut apercevoir sur le dessin. Voici la manière de s'en servir.

Lorsque le caillé est salé et préparé, on le dépose avec précaution sur un linge étendu dans l'intérieur du vase A; on l'y comprime contre ses parois, de manière que tout accès soit intercepté à l'air. On met vivement en mouvement la pompe pendant quelques minutes, et le petit-lait passe dans le vase B qui est au-dessous; quand il cesse de couler, on répète une deuxième fois les coups de piston; lorsqu'on voit que rien n'égoutte plus, on enlève le caillé avec la toile, et on le place dans une forme en toile métallique forte et serrée, sur laquelle on place un poids, jusqu'à ce que le tout soit assez consistant pour pouvoir être manipulé sans se rompre. Les formes doivent rester sur de petites planches séparées, afin que l'air frappe le fromage de tous côtés.

DU FOURNEAU.

La partie la plus importante du local est sans contredit le fourneau, qui occupe un des angles de la chambre, et communique avec la cheminée. Dans nos établissemens de la basse Lombardie il est disposé de la manière suivante : La figure 26 représente le fourneau construit en forme de niche semi-circulaire, dont la moitié en profondeur se trouve dans le plancher du *casone*. Un demi-cercle qui s'élève du sol est appuyé d'un côté au mur de la chambre, et est plus haut en *a* qu'en *b* : au-dessus du fourneau est la cheminée qui reçoit la fumée. Une colonne *c* qui tourne sur elle-même, à laquelle tient une barre en fer ou bien en bois, dite *cicognola*, qui sert *d* à accrocher la chaudière par son manche; ce bras de fer ou de bois peut être aussi fortement fixé dans le mur, mais alors il tournera sur deux gonds : au moyen de cet appareil, on peut tourner la chaudière avec facilité et sans danger. Le côté le plus haut du demi-cercle doit être fait de manière qu'il corresponde avec le bord de la chaudière, de sorte que ni la flamme ni la fumée ne puissent sortir de ce côté. Le fourneau doit être construit en briques unies ensemble avec de la chaux mêlée au plâtre et au carbonate de chaux ou marbre réduit en poudre : cet enduit est fort, et ne laisse pas échapper le calorique; si quelques crevasses se manifestaient, on peut les réparer à l'instant avec ce stuc ou ciment.

La chaudière (fig. 27) a un manche en fer en forme de demi-cercle, qui est attaché de manière qu'il dépasse les deux anneaux de la chaudière sur les côtés, afin que le manche, tournant circulairement, offre assez de prise pour pouvoir la manier librement. Sa forme est conique, très évasée des bords, et arrondie vers le fond, de sorte qu'elle ressemble à une cloche renversée.

La construction du fourneau et la forme de la chaudière, démontrent évidemment comment la flamme provenant du combustible qui est en dessous, se partage tout autour de la chaudière, et réchauffe tellement les parois du fourneau, que sa chaleur se répercutant sur celle-ci, le liquide y contenu arrive en peu de tems au degré de température désiré, puisque le feu est maître de toute la superficie extérieure de la chaudière. L'ouverture, d'un côté du fourneau, étant de 5 à 8 centimètres plus grande que le diamètre de la chaudière, on peut la faire sortir facilement lorsqu'il est nécessaire de la soustraire à une trop grande chaleur. La grandeur doit être en raison de la quantité de lait et des besoins. Elle ne doit cependant pas être trop grande ou trop petite. Trop grande, elle est difficile à manier, et l'opération court trop de risques; trop petite, il n'y a pas d'économie, et de plus, le fromage de petite forme n'est guère estimé dans le commerce. Ses dimensions varient de 5 à 14 *brente* milanaises; elle doit être en général capable de contenir tout le lait d'un même jour qu'on veut travailler, sans avoir recours au *cagliar fuori* (1).

[1] On emploie le *cagliar fuori* lorsque la quantité de lait est plus grande que la capacité de la chaudière; dans ce cas,

La chaudière ne doit pas être non plus trop grande, en raison de la quantité de lait qu'on veut travailler; les détails suivans font voir quels risques on court dans ce cas. Supposons la chaudière (fig. 27) de la contenance de 10 *brente*, et que le lait qui doit y subir sa préparation arrive à la hauteur de *bb*, la partie de fromage, lorsqu'elle est cuite et précipitée, arriverait par exemple à *dd*, et mise dans la *patta*, donnerait une masse ronde sans plissure: de même vice versà si le lait arrivait seulement à *cc*, la pâte du fromage cuite et précipitée

ne pouvant pas chauffer et cailler tout le lait en même tems, on est obligé de recourir à un autre récipient. Le lait étant caillé et rompu, il faut le laisser en repos, afin que le petit-lait puisse se séparer. Ensuite il faut retirer de la chaudière une quantité de petit-lait assez grande pour faire place au lait caillé qui se trouve dans le chaudron à part. Lorsque le lait subit une progression rapide, le retard occasioné par la réunion du lait caillé pour cuire le tout ensemble, suffirait pour empêcher la réussite du fromage, et cela à cause du trop grand degré de maturité acquis par la matière pendant cette opération.

n'arriverait qu'à *ee*, en décrivant une portion de sphère bien plus large que profonde ; une fois dans la forme, elle se replierait sur elle-même pour s'arrondir. Ce pli détermine une fente à la tête de la forme ; il faut après avoir salé y remédier, sans cela cette lésion pourrait être regardée comme l'indice de quelque maladie: pour la faire disparaître, il faut diminuer la forme jusqu'à ce que la fente n'existe plus ; or cette réduction fait perdre plusieurs kilogrammes de fromage.

Il serait utile d'établir un fourneau économique, avec une chaudière en cuivre pour réchauffer le lait au bain-marie. En voici la description (fig. 38): AA forme l'ensemble, la masse compacte du fourneau construit en briques ; B est l'endroit où tombe la cendre ; C est le foyer de 33 à 38 centimètres en hauteur ; D est la chaudière en cuivre, laquelle est ronde et mesure 33 centimètres de diamètre par le haut et 65 centimètres par le bas, elle a 65 centimètres de profondeur ; elle tient au mur par un troisième côté, et y est fixée au moyen du bord supérieur, qui doit correspondre au côté du fourneau, afin qu'ils se trouvent en contact l'un de l'autre; EE est l'espace vide entre la chaudière et les parois du fourneau: la flamme peut circuler librement dans cet espace, de sorte que la fumée s'échappe par le trou de la cheminée G. Un second chaudron F est placé dans l'autre, mais à 5 centimètres du fond. Son diamètre est un peu moindre que celui de la première chaudière. Quand on a besoin d'enlever la chaudière intérieure, on attache deux gros anneaux aux bords mêmes BB, dans lesquels on passe un bâton; ou bien on se sert de deux cordes munies de carreaux, attachés à une autre corde, qui passe dans un piton fixé au plafond ou à une poutre mobile. Cet appareil a l'avantage de ne pas trop réchauffer la chambre, et dans la fabrication des fromages cuits, les ouvriers ne courent pas le risque de brûler la matière. On peut circuler tout autour avec beaucoup de facilité, et sans craindre d'éprouver aucun accident.

ARTICLE TROISIÈME.

De la Casirola.

La *casirola*, comme nous l'avons dit, est l'endroit où l'on dépose le fromage à sa sortie de la chaudière, et où l'on opère la salaison. Le plancher doit être en pierre, ou formé d'un enduit de chaux hydraulique, ou de toute autre matière que l'eau ne puisse pénétrer et où elle coule facilement. Au milieu de la chambre, il y aura un puisard pour recevoir l'eau provenant du lavage; celle-ci, au moyen d'un conduit, sera portée au dehors, d'où elle se perdra dans le réservoir commun.

Il faudra qu'il y ait une table pour poser le fromage à sa sortie de la chaudière. Autour de cette table (fig. 39) il y aura un rebord avec une cannelure destinée à recevoir le petit-lait; celui-ci, par suite de la pente légère de la table, se rendra dans un petit conduit d'où il tombera dans un baquet.

ARTICLE QUATRIÈME.

De la Casara.

La *casara* est le lieu où l'on conserve le fromage, après qu'il est resté un espace de tems suffisant dans la *casirola:* il faut qu'elle soit, autant que possible, fraîche et propre, car autrement le fromage fermente et se gâte surtout lorsqu'il est jeune. Nous la décrirons en peu de mots, en faisant observer qu'elle doit être appropriée aux deux saisons, de l'hiver et de l'été. D'ordinaire le sol de cette chambre est de 65 centimètres au-dessous du niveau du terrain extérieur; il faudra donc plusieurs marches pour y entrer: elle sera pavée en tables d'ardoise, en granit ou avec du ciment. Les murs et les voûtes, si elle est construite en briques, doivent être revêtus d'un enduit de plâtre ou de ciment bien uni. Quant à la question de savoir s'il est plus utile de construire la voûte en briques qu'en bois, c'est l'expérience seule qui peut la résoudre; il y a des raisons pour et contre ces deux manières de construire la voûte; nous croyons inutile de les rapporter ici: chacun pourra choisir ce qui lui paraîtra le plus commode.

Quoiqu'il en soit, ce local nécessite plusieurs ouvertures, dont le nombre sera fixé d'après la grandeur du lieu. L'entrée doit être percée au nord, ou au moins vers le nord-ouest ou au nord-est. Il y aura deux portes; la première consistera en une grille en fer, la seconde sera toute en bois. Celle-là servira à deux fins, la sûreté et la ventilation : celle-ci à garantir de l'intempérie des saisons et surtout du trop grand froid en hiver. Les fenêtres seront placées de manière à recevoir le soleil à son lever et à son coucher. Elles seront garnies de barres de fer, et auront des châssis avec des carreaux en bon état, afin de mieux garantir la chambre contre la chaleur, les vents et la gelée. Au dehors ces fenêtres seront recouvertes de nattes en paille, qui puissent être levées et baissées à volonté, ou bien elles auront des jalousies en bois que l'on peut arranger de différentes manières.

En hiver, la *casara* doit avoir une température de 8° à 10° R.; en été, la plus basse température possible. Ainsi donc elle ne doit pas être humide, parce que la transpiration naturelle du fromage serait supprimée: il ne pourrait ni se purger, ni épaissir au moment convenable, et il emploierait beaucoup plus de tems pour arriver à sa maturité; elle ne doit pas être trop sèche, car, dans ce cas, le fromage se desséchant, il perdrait beaucoup de son poids, serait plus exposé à être attaqué par les vers, et il s'y produirait des gerçures ainsi que des végétations.

Au moyen de jalousies ou de nattes bien disposées, on peut introduire dans l'intérieur de la *casara* l'air nécessaire, et en même tems fermer accès à la lumière et à l'air froid et humide. L'intelligence et le zèle de celui à qui la surveillance de ce lieu est confiée, suppléeront à tout ce qu'il faut faire pour maintenir la plus grande propreté, et pour empêcher qu'il n'y séjourne aucun animal nuisible.

Cette chambre renferme encore des étagères sur

lesquelles sont rangés les fromages ; il est bon d'y mettre aussi quelques tables en bois, pour recevoir les crêmes et leur donner les soins qu'elles exigent.

CHAPITRE II.

NOTIONS GÉNÉRALES SUR LE LAIT ET SUR LES PARTIES DONT IL EST COMPOSÉ.

—

Le *lait* est un liquide sécrété par les glandes mammaires de la femelle, chez les animaux appartenant à la classe des mammifères. La nature l'a réellement destiné à nourrir leurs petits; mais l'homme s'en sert tel qu'il est, et sait en tirer des substances particulières, ce qui le rend une source précieuse de richesses pour l'économie rurale.

Le lait est un liquide blanc et opaque, doux, sucré à des degrés variables, et d'un poids spécifique un peu plus grand que celui de l'eau. Les élémens qui le constituent sont toujours l'*eau*, le *fromage*, la *crême*, le *sucre de lait*, un *acide libre* nommé *lactique*, et divers *sels* en proportions relatives, selon l'espèce différente de l'animal. Le lait doit contenir aussi d'autres principes moins constans, ou peut-être plus difficiles à démontrer. Ainsi, par exemple, le lait de tout animal possède non-seulement un certain *arome* particulier, qui se dissipe peu de tems après avoir été exposé à l'air, et surtout pendant l'ébullition, mais encore une certaine *saveur* qui lui est propre et que l'habitude apprend à reconnaître.

Le lait, dit *Parmentier*, est un de ces fluides dont la perfection est subordonnée à une infinité de circonstances qu'il est souvent très difficile de réunir; l'aspect différent que présente chaque jour le lait, et les changemens qu'il subit d'heure en heure, et même en quelques minutes, doivent former une série d'observations importantes, qu'il est utile de consigner ici, au moins sommairement, au profit de la caséification.

Six espèces de lait ont été jusqu'à ce jour examinées par les chimistes; elles sont rangées sous deux catégories principales, c'est-à-dire, en lait provenant de ruminans, caractérisé par la surabondance des parties butireuses et caséeuses; et en lait de femme et de solipèdes, qui se distingue par des signes contraires, en d'autres termes, par la prépondérance du sucre et du petit-lait; tandis que les deux autres principes sont fluides et peu concrescibles.

Nous ne dirons qu'un mot en passant sur le lait de brebis et de chèvre; en revanche, nous nous étendrons sur celui de vache, lequel est plus connu.

La brebis donne un lait qui contient plus de crême que celui de la vache, mais le beurre qui en provient n'a guère de consistance. La matière caséeuse possède un caractère gras et visqueux, c'est pourquoi elle ne forme pas de grumeaux, comme cela arrive dans le lait de vache. Son petit-lait, peu abondant, ne contient que peu de sucre de lait; on y trouve des hydrochlorates de potasse et de chaux.

Le lait de chèvre est plus visqueux que celui de vache, et contient une plus grande quantité de fromage. Le beurre que l'on fait avec sa crême est toujours blanc et solide, et l'on en obtient moins en proportion. Le petit-lait donne peu de sucre de lait, et au moyen de la carbonisation, on n'obtient que de l'hydrochlorate de chaux. Ce lait a une odeur particulière, qui se rapproche beaucoup de l'odeur spéciale de la chèvre à l'état de transpiration, et dont l'intensité s'accroît au tems du rut.

Passons maintenant au lait de vache. Le poids spécifique du lait de vache est un peu plus grand que celui de l'eau : considéré sous un point de vue général, on peut le fixer à 1,030; mais le poids augmente ou diminue selon qu'il est plus ou moins riche en crême. Le lait écrêmé, quoique plus pauvre en matières solides, acquiert un poids spécifique plus grand, par la raison que la partie séparée est plus légère que la partie liquide. *Hermstaed* a observé que le poids spécifique augmente progressivement avec l'âge des vaches, et qu'il est plus grand le matin que le soir.

Le lait abandonné à lui-même, au bout d'un certain tems dont la durée varie, se divise peu à peu en trois parties : une plus légère qui se porte à la superficie, où elle produit une couche blanche, opaque, molle, onctueuse, composée d'une grande quantité de *matière caséeuse* unie à une certaine quantité de *fromage* et de *petit-lait*, qui s'appelle *crême* ou *fleur du lait;* elle s'amasse d'autant plus complètement à la superficie, que le vase où se trouve le lait est moins profond. La seconde, plus blanche que la précédente, et opaque comme elle, ne possède ni saveur, ni onctuosité; on la nomme matière caséeuse, principe caséeux, albumine, fromage, etc.; la troisième enfin, constitue le *petit-lait*, liquide jaune-verdâtre, transparent, d'une saveur douce, et qui rougit tant soit peu la teinture de tournesol. La crême est la première à se séparer; après qu'elle a été enlevée, le lait prend une couleur blanche-bleuâtre; quelque tems après il se caille, et alors le petit-lait se sépare de lui-même, surtout en brisant la présure.

Le petit-lait est composé d'acide, d'une petite quantité de matière caséeuse, tenue en dissolution par l'acide, de sucre de lait, et de tous les sels du lait.

Si l'on abandonne le lait à lui-même, à l'état de

repos, après cette première séparation des matières butireuses et caséeuses, lesquelles se tiennent, pour ainsi dire, en suspension, et auxquelles il doit son opacité, on voit se former une véritable fermentation; la crême se colore, se déssèche, se couvre de moisi, devient amère, noirâtre et pourrit; le petit-lait devient toujours plus aigre, et par la distillation donne beaucoup de vinaigre; la matière caséeuse se décompose aussi. Maintenant si, au lieu de laisser le liquide en repos, on l'agite souvent, surtout lorsqu'il est en grande quantité, on obtient, au bout d'une vingtaine de jours, une liqueur vineuse, légèrement sure. C'est le moyen qu'emploient les Tartares pour préparer avec le lait de leurs jumens, cette sorte de vin dit *koumiss*, qui a beaucoup d'analogie avec la liqueur que les Arabes appellent *leban*, et les Turcs *yaourt*.

Le lait exposé à un feu modéré, se couvre d'une petite peau composée principalement de matière caséeuse. *Lorot* a vu cette petite peau agitée par une infinité de contractions oscillatoires, qu'il attribua d'abord au mouvement imprimé à la masse; mais voyant des lignes se former avec une espèce de régularité, il pensa que le phénomène provenait d'une autre cause. Ayant placé le vase sur un support fixe, les contractions augmentèrent; il était évident que les mouvemens de la masse, au lieu de favoriser les contractions, agissaient en sens contraire; l'expérience suivante leva tous ses doutes : ayant imprimé exprès de nouveaux mouvemens, les contractions cessèrent, le repos leur rendit toute leur énergie. Il voulut voir alors si toutes les raies qui se formaient, affectaient un ordre particulier; il n'en découvrit aucun, seulement, les lignes ne se formaient qu'en deux directions, perpendiculaires au centre, et horizontales à ce même centre. Ce centre était occupé par des globules écumeux, sans mouvement; les lignes horizontales et obliques étaient celles qui se trouvaient plus fréquemment isolées, tandis que les lignes convergentes ou plutôt divergentes étaient réunies en plus grand nombre. Les mouvemens imprimés à la masse, troublèrent l'ordre d'après lequel elles se seraient réunies sans cette circonstance. En continuant ses observations, il s'aperçut que les mouvemens diminuaient à mesure que la pellicule s'étendait en superficie; il examina alors ses bords, et y retrouva les mouvemens oscillatoires aussi énergiques qu'ils l'étaient au centre, lequel ne tremblait plus depuis qu'il était devenu centre par l'augmentation de ses bords. Les oscillations consistaient en un resserrement très prompt, qui formait une ligne, bientôt effacée par un certain élargissement, dû en apparence à la contraction des lignes voisines, qui agissaient alternativement avec celles de la première; pendant ce tems la première ligne devenait de nouveau visible au moyen d'une contraction ultérieure, et son déploiement commençait à ne point la faire disparaître entièrement. Acquérant ensuite peu à peu plus d'épaisseur, dans les alternatives de contraction et de déploiement, elle finissait par devenir immobile et très marquée. En général, les mouvemens étaient d'autant plus développés et plus prompts, qu'on les observait davantage près de la circonférence, et qu'ils avaient lieu dans la partie la plus mince de la pellicule.

Toutes les fois qu'on enlève cette petite peau, elle est de suite remplacée par une autre ; c'est elle qui, en s'opposant au libre développement de la vapeur, donne au lait la propriété de s'élever à la température de l'ébullition, quoique cette faculté dépende aussi, en partie, de la viscosité appartenant au liquide lui-même.

En continuant l'évaporation au bain-marie, on obtient une grande quantité d'eau assez odorante et peu savoureuse. Cette eau contient de l'acide butireux, et d'autres composés du lait ; en effet, en se décomposant, elle contracte une odeur fétide.

Le résidu de l'opération est formé de toutes les parties coagulables du lait, mêlées avec le beurre, et réduites en une espèce d'extrait, qui s'appelle frangipane, lait sec ou *latteina ;* on le sert sur table après l'avoir édulcoré, et l'avoir aromatisé de différentes manières. On peut sécher entièrement cet extrait, et obtenir ainsi un résidu sec, qui, dissous de nouveau dans l'eau, donne un liquide analogue au lait.

ARTICLE PREMIER.

Notions chimiques sur le lait.

La raison semble établir qu'on ne peut parler des produits du lait, sans donner en même tems, sur sa composition normale et sur ses compositions chimiques, toutes les notions que la science, bien que fort imparfaite encore à cet égard, nous a communiquées dans ces dernières années. Cette connaissance, en rendant les procédés de la caséification plus faciles, fait voir, en outre, que ce n'est pas un travail purement manuel, et l'on conçoit alors sans peine, que les proportions des différentes compositions du lait, le changement des conditions et des influences physiques, la nature et la proportion des agens chimiques qui concourent à sa fabrication, doivent former un ensemble d'actions parfaitement balancées entr'elles, de manière que si l'une se produit, l'autre, conséquemment, doive en modérer les effets.

Le lait après avoir été l'objet des recherches des anciens chimistes, tels que : *Geoffroy*, *Malouin*, *Beaumé*, *Nouelle le jeune*, *Woltelen*, *Spielmann*, *Haller*, *Macquer*, *Scheele*, *Boysson*, *Morozzo*, *Parmentier*, *Deyeux*, *Fourcroy*, *Vauquelin*, *Bergius*, *Clarke*, *Van-Striptiaan*, *Luiscius*, a été étudié dans ces derniers tems par *Berzelius*, *John*, *Thénard*, *Hermstaedt*, *Maggenhoffen*, *Payen*, *Chaptal*, *Swartz*, *Descamps*, etc.

Le lait est blanc et opaque; il possède ces qualités par suite d'une combinaison, sous forme émulsive, de matière caséeuse et butireuse. Le liquide dans lequel surnagent les parties émulsives, tient en dissolution une quantité notable de matière caséeuse, aussi bien que du sucre de lait, des matières extractives, des sels et de l'acide lactique libre, auquel le lait, lorsqu'il vient d'être trait, doit la propriété de rougir visiblement le papier teint de laque-moisie, lorsqu'on l'y plonge.

Le lait, considéré sous un point de vue général, contient de 10 à 12 pour 100 de parties solides entièrement privées d'eau non combinée, que l'on peut évaporer à la température de 100°[1]. Cependant elles peuvent varier dans le lait d'un même individu, plutôt par le plus ou le moins de nourriture, que par la quantité variable de boisson qu'il a reçue.

Il a été dit plus haut que, lorsqu'on laisse le lait en repos, une substance appelée *crême* ou fleur du lait, se réunit à sa superficie. La formation de cette crême vient de ce que les parties émulsives étant plus légères que la solution dans laquelle elles nagent, elles montent peu à peu à la surface, où elles se réunissent d'autant plus complètement, que le vase qui contient le lait est moins profond, parce qu'alors elles ont moins d'espace à parcourir. Si on laisse le lait en repos pendant une semaine,

[1] Les grandes différences qu'on observe dans le poids du résidu, indiqué par les divers auteurs, viennent en partie d'une dessiccation imparfaite.

à une température qui n'excède pas 3°, et qui ne descende pas au-dessous de zéro, la majeure partie de la combinaison émulsive surnage à la superficie, mais on ne peut la séparer entièrement de cette manière. Si on retire le lait qui est en-dessous, en ayant soin de retenir la crême, on trouve qu'il est devenu moins blanc qu'auparavant et qu'il semble mêlé avec l'eau. Les parties constituant la crême sont le beurre et la matière caséeuse mêlée avec un peu de lait. Le lait décanté contient cependant encore beaucoup de matière caséeuse en véritable dissolution.

Analyse.

L'analyse faite par *Berzelius*, donne les résultats suivans : 100 parties de lait de vache, la graisse ôtée, du poids spécifique de 1,033, contiennent 928,75 d'eau ; 28,00 de matière caséeuse avec des vestiges de beurre; 35,00 de sucre de lait ; 1,70 d'hydrochlorate de potasse avec quelques portions de tartre de fer ; 0,5 de sulfate de fer. La fleur du lait, du poids spécifique de 1,024 donne, sur 100 parties : 4,5 de beurre; 3,5 de fromage; 92,0 de petit-lait ou lait de beurre, dans lequel se trouvent 4,4 de sucre de lait et de sel. La matière caséeuse brûlée, donne 6,5 pour 100 de cendre composée de phosphate de fer et de chaux pure.

DU BEURRE.

Le *beurre* s'obtient de la crême en battant celle-ci pendant quelque tems, opération qui est connue sous le nom de *baratter*. Par cette opération, les globules de graisse se réunissent en grumeaux, et quittent la matière caséeuse, qui reste en émulsion avec une petite quantité de gras. Ceci prouve que la présence de l'air n'est pas une condition nécessaire au bon succès de l'opération ; puisque la formation du beurre s'obtient même dans les vases fermés. D'après les expériences faites dans ces derniers tems par le sieur *Macaire-Prinpse*, on a pu prouver en outre qu'il n'y a pas absorption d'oxigène tiré de l'air, pendant qu'on baratte, et que cette opération mécanique s'exécute aussi bien dans le vide que dans tous les gaz qui n'exercent aucune action chimique sur la crême. La liqueur qui se sépare du beurre se nomme *lait de beurre.* Dès que les grumeaux isolés se sont réunis en une seule masse, le beurre forme un amas de gras dont chacun connaît les caractères extérieurs. A l'état auquel on l'emploie, le beurre est un mélange de graisse avec une sixième partie environ de son poids de substances venant du lait et du beurre, dont l'extraction change beaucoup son goût et son aspect.

Par les différentes opérations qu'on fait subir au beurre au moyen de divers agens, on obtient des substances variées, parmi lesquelles nous citerons la *butirine*, découverte par le savant *Chevreul;* on obtient aussi quelques acides volatiles, que l'on a séparés du beurre à l'aide de la distillation, qui sont désignés sous les noms d'acides *butireux*, *caproïque* et *caprique*.

L'acide butireux forme, avec les différentes bases de sel alcali et de sel de terre, les divers *butirates*.

L'acide caproïque fut trouvé dans le beurre de

chèvre et de vache; il forme, avec d'autres bases, les différens *caproates*.

L'acide caprique, jusqu'à présent, n'a été retrouvé qu'avec les deux précédens; cet acide forme, aussi avec différentes bases, les *caproates*.

DE LA MATIÈRE CASÉEUSE.

La *matière caséeuse* se trouve en grande partie en dissolution dans le lait; l'on ne sait pas encore positivement si la substance qui, avec le beurre, constitue la partie émulsive du lait, est identique à la matière caséeuse liquéfiée. Lorsqu'on veut isoler la matière caséeuse, on mêle le lait écrêmé avec de l'acide sulfurique délayé, qui se combine avec cette matière et la précipite sous la forme d'un caillot blanc. On place ce caillot sur un feutre, on le remue, et on le lave avec de l'eau pour le débarrasser du petit-lait qu'il contient. Après quoi, on le délaie avec de l'eau et du carbonate de *chaux* ou de la *baryte*; et alors la matière caséeuse, devenue libre, se dissout dans l'eau. On la sépare du sel de terre et du beurre, s'il y en avait encore de mêlé avec elle, au moyen du filtre. La liqueur filtrée est de couleur jaune-paille, et un peu mucilagineuse, glutineuse, comme une solution de gomme. Soumise à l'évaporation, elle exhale une odeur de lait bouilli, et peu à peu se couvre d'une pellicule blanche qui peut s'enlever de la même manière que celle du lait. Après la dessiccation, la matière caséeuse présente la forme d'une masse de couleur jaune, qui peut être dissoute de nouveau dans l'eau. La dissolution aqueuse est coagulée par les acides et même par l'acide acétique, surtout chaud. Lorsqu'on laisse reposer la solution aqueuse concentrée par la matière caséeuse, elle s'altère, et répand une odeur de fromage rance, et passe bientôt à l'état de putréfaction, en devenant ammoniacale.

La matière caséeuse agit avec les acides presque comme l'albumine. Ce qui la distingue de l'albumine, c'est d'être précipitée par l'acide acétique.

Le lait paraît contenir une combinaison de matière caséeuse et de chaux.

De même que la *fibrine* et l'albumine auxquelles elle ressemble beaucoup, la matière caséeuse peut exister sous deux états, c'est-à-dire à l'état de coagulation et de non-coagulation. Ce que nous avons dit jusqu'ici s'applique à celle qui n'est pas coagulée. La matière caséeuse coagulée ne se forme pas au moyen de l'ébullition, mais d'une manière toute particulière à cette substance. Elle se forme en chauffant doucement une solution de matière caséeuse dans l'eau, ou bien du lait ordinaire uni à la membrane muqueuse de l'estomac des jeunes veaux, appelée *présure*. Il est absolument impossible, au moins pour nous, d'expliquer comment la présure détermine cette coagulation. On a cru, comme chose très naturelle, que c'était l'effet de l'acide du suc gastrique resté dans les vaisseaux sécréteurs de la membrane muqueuse; mais la réaction se présente sous un tout autre aspect, quand on songe aux quantités proportionnelles de lait et de présure qui entrent dans la préparation du fromage. Dans le but d'acquérir sur cette question, des notions plus positives que celles qui peuvent être déduites de l'expérience technique, on a fait entièrement dépouiller la membrane muqueuse d'un estomac de veau, en la lavant avec de l'eau froide, et on l'a faite sécher. Une partie en poids de cette membrane fut mise ensuite dans 1800 parties, aussi en poids, de lait écrêmé que l'on fit chauffer lentement jusqu'à 50°, et que l'on maintint à cette température jusqu'à ce que la coagulation fut terminée; celle-ci réussit si bien, qu'il fut impossible de retrouver aucune trace de matière caséeuse dans le petit-lait filtré. On enleva alors la *présure :* lavée et séchée, elle avait le poids de parties 0,94. D'après cela il est clair que, quand bien même la petite quantité en poids qu'avait perdu la présure, c'est-à-dire 0,06, se fût combinée en totalité avec la matière caséeuse, on ne saurait expliquer la coagulation par cette circonstance, puisque la quantité perdue ne pouvait pas être exactement évaluée.

La *matière caséeuse* désséchée après la coagulation, et plus ou moins mêlée avec le beurre, forme ce qu'on nomme *fromage.* Le fromage que l'on obtient du lait écrêmé est, par conséquent, privé de la plus grande partie de son beurre; il est dur, luisant et a l'air d'être gras, ce qui provient d'une certaine quantité de beurre qu'il contient, et que l'on peut extraire avec de l'éther, sans que ses propriétés en soient altérées. Il se gonfle et s'amollit dans l'eau, mais il ne s'y dissout pas. Chauffé fortement avant qu'il soit entièrement durci, il se ramollit sans se fondre, file dans les doigts et devient élastique comme du caoutchouc. A une chaleur plus forte, il se fond en gonflant et brûle avec flamme. Les produits que l'on obtient par la distillation sont les mêmes que ceux de l'albumine. Ses combinaisons avec les acides et les sels alcalis, ressemblent généralement à celles de la matière caséeuse non coagulée; mais lorsqu'on tente d'enlever l'acide au moyen du carbonate de chaux, la matière caséeuse devenue libre ne se dissout pas. Évidemment les deux états, c'est-à-dire celui de solubilité ou de non-coagulation et celui d'insolubilité, auxquels on peut réduire la fibrine, l'albumine et la matière caséeuse, ressemblent aux deux états sous lesquels nous trouvons l'acide sulfurique, l'acide de tartre, l'oxide *stennique* (*ossido stennico*) et l'acide *titanique* (*acido titanico*).

En brûlant de la matière caséeuse coagulée avec la présure, on obtient, 6 $^1/_2$ pour 100 de cendre, laquelle se brûle très facilement à blanc, et qui est composée de 6 pour 100 (sur le poids du fromage) de phosphate de chaux, et de $^1/_2$ pour 100 de chaux caustique ou carbonate de chaux, si la chaleur a été moins forte; mais elle ne contient pas de sels alcalins. Puisque pendant la coagulation au moyen de la présure, on précipite le phosphate de chaux avec la matière caséeuse, sans que la quantité d'acide libre diminue dans la liqueur, il paraît que ce sel de terre se présente à l'état de combinaison soluble avec la matière caséeuse, combinaison qui devient insoluble par la coagulation de cette dernière. Ceci est d'autant plus vraisemblable, que nous connaissons la grande affinité du phosphate de chaux pour beaucoup de matières animales. Cette quantité notable de sous-phosphate de chaux, qu'on trouve combinée avec la matière caséeuse, est très importante sous le point de vue physiologique, puisque le lait doit servir d'aliment à l'animal aussitôt qu'il est né, et que la formation et l'accroissement des os ont lieu chez lui avec une grande rapidité. Il paraît que la chaux libre agit de même, puisque le lait tient en dissolution une combinaison de cette terre avec la matière caséeuse, laquelle, attendu son grand excès, contre-balance l'affinité de l'acide laiteux libre.

Le fromage est sujet à des changemens particuliers lorsqu'on legarde pendant long-tems. Caillé depuis peu, il contient à peu près 80 pour 100 de son poids en liquide, qu'on doit séparer au moyen de la presse et de la dessiccation. On peut alors le conserver pendant très long-tems; le changement qu'il subit ensuite ne le rend que plus agréable au palais. Il acquiert un goût aigre qui plaît, il devient dur, et on peut le triturer avec facilité. Quand il n'est pas bien pressé, il est sujet à un genre particulier de putréfaction; pendant cette période, il s'y forme des produits qui ont beaucoup d'analogie avec ceux du *gluten* végétable. *Proust*, qui a examiné ces changemens avec beaucoup de soin, a cru y trouver un acide particulier, qu'il appela *acide caséique*, et un autre corps qu'il nomme *oxide caséeux.*

On a observé que le fromage mal apprêté, devenait, avec le tems, vénéneux, ce qui, par bonheur, arrive fort rarement.

DE LA MASCARPA.

Sous le nom de *ricotta* (recuite), ou *mascarpa*, *Schubler* a décrit un principe constituant du lait, qu'il considère comme une substance qui tient le milieu entre la matière caséeuse et l'albumine. On l'obtient du petit-lait du lait caillé, au moyen de la présure, en le mêlant, après l'avoir filtré, avec de l'acide acéteux, et réchauffant le tout jusqu'à 75°, ce qui fait coaguler la liqueur. *Schubler* compare le précipité obtenu de cette manière avec la matière caséeuse caillée au moyen de la présure : les différences qu'il observa entre ces deux substances, le déterminèrent à regarder la *ricotta* comme une matière particulière. Néanmoins tout ce qu'il rapporte à ce sujet ressemble tellement à ce que présente le caillé ordinaire obtenu du lait écrêmé, au moyen du vinaigre, qu'il semble très probable que la seule différence entre la recuite et la matière caséeuse vienne de ce que, *l'une de ces substances est la matière caséeuse coagulée au moyen de la présure et non combinée, tandis que l'autre est une combinaison de matière caséeuse non-coagulée avec l'acide acéteux*. Si celle-ci n'est pas caillée par la présure, il faut l'attribuer à l'acide libre du lait; en effet, on ne l'obtient pas en quantité notable dans le lait frais que les animaux donnent en hiver. Les expériences de *Bergsma* ont levé tous les doutes relativement à cette circonstance.

DU SUCRE.

Une fois le fromage séparé du lait au moyen de la présure, il reste une liqueur jaunâtre, qui ne se clarifierait que difficilement sans le filtre; on l'appelle communément *petit-lait*. Si on le fait évaporer jusqu'à consistance de sirop, et reposer pendant une ou plusieurs semaines dans un lieu frais, on en obtient des cristaux grenus de sucre de lait. Quelquefois on l'évapore jusqu'à sécheresse afin d'en obtenir une masse grenue jaune ou brune qui, dans beaucoup de pays, sert d'aliment.

SUBSTANCES ANIMALES EXTRACTIVES.

Les matières animales extractives s'obtiennent de la liqueur dont on a retiré le sucre de lait, lorsqu'on traite le résidu avec l'alcool à 0,833, qui en dissout la plus grande partie en laissant d'un côté le sucre de lait et les sels insolubles qui s'y trouvent. La solution d'alcool évaporée, il reste un extrait jaune et acide, lequel ressemble tellement, par ses caractères extérieurs, à l'extrait alcoolique de la viande, que tout porte à y reconnaître les mêmes principes constituans; quoiqu'il n'ait pas encore été examiné avec autant de soin que l'extrait de la viande, il paraît cependant que le lait ne contient que très peu de substance correspondant à l'extrait aqueux de la viande, car la portion insoluble dans l'alcool est une masse entièrement poudreuse, dont on obtient une solution peu colorée en la traitant avec l'eau.

DE L'ACIDE LACTIQUE.

L'acide lactique a été découvert, par *Scheele*, dans le lait suri où il existe réellement en plus grande quantité que partout ailleurs : on le trouve bien aussi dans le lait chaud, et c'est justement à cet acide que ce lait doit la propriété de rougir la teinture de laque-moisie. (v. *Ann. de Chim. et de Phys. par MM. Gay-Lussac et Arago, Tom. XLVI, page* 420.)

DES SELS.

Le lait contient aussi des sels qui sont solubles dans l'alcool et dans l'eau, et beaucoup d'autres qui ne sont pas solubles dans ce dernier liquide. Les premiers de ces sels sont absolument les mêmes que ceux qui existent dans l'extrait alcoolique de la viande: ce sont des combinaisons d'acide de lait, principalement avec la potasse et de petites quantités de soude, de sel ammoniac, de chaux et de magnésie, de chlorure de potasse et de chlorure de soude. Des cendres de l'extrait alcoolique du lait de vache, on obtient le carbonate et le chlorure de potasse.

DES GLOBULES DU LAIT.

En examinant le lait au microscope on aperçoit des globules sphériques, qui paraissent fortement colorés en noir sur les bords, à cause de leur petitesse : les plus gros surpassent à peine $^1/_{100}$ de millimètre. Ces globules disparaissent dans les alcalis, comme dans l'ammoniaque, et le lait devient alors transparent. Dans un excès d'acide sulfurique concentré, une partie de ces globules se dissout avec le même mouvement qu'on a observé dans les huiles; l'autre partie ne se dissout pas et reste incolore. L'acide acétique concentré et l'acide hydrochlorique dissolvent tous ces globules.

Si le lait est placé en plus grande quantité dans l'acide sulfurique, il se caille et forme une masse d'un très beau blanc. Les autres acides ne le caillent que lorsqu'il est délayé dans l'eau. Ce caillot ne vient pas du seul rapprochement des globules entre eux, car on aperçoit fort bien au microscope qu'ils sont renfermés dans une membrane transparente et albumineuse, qui n'est elle-même nullement grenue. Les acides et l'alcool y agissent comme sur l'albumine soluble. Ces globules se présentent à la superficie du liquide en vingt-quatre heures; ils se rapprochent et se fixent par leur propre contiguité, en formant une croûte onctueuse et peu consistante : cette croûte se partage en deux couches, dont la supérieure contient une plus grande quantité de beurre que l'inférieure.

Raspail a vu que le gluten, qui est l'albumine des végétaux, une fois sa dissolution acide évaporée spontanément, se précipite sous la forme de globes sphériques. Le même phénomène se présente au microscope, si on laisse évaporer spontanément la solution aqueuse de la portion soluble de l'albumine de l'œuf à la température de 10° à 12° centigrades; le liquide devient aussitôt de la couleur de l'opale, et présente des milliers de globes ondoyans. La même chose a lieu pour les substances oléagineuses dissoutes dans quelque solution, puisque, quand on délaie ou sature cette solution, la substance grasse se précipite sous la forme de très petits globes qui, restant suspendus dans le liquide, en troublent tout-à-coup la transparence, et le font devenir OPALIN; c'est ce qu'on voit arriver habituellement lorsqu'on délaie dans l'eau la solution alcoolique d'absinthe.

Pour avoir l'explication des phénomènes du lait, il suffit de rapprocher les résultats obtenus à l'aide du microscope, de ceux qu'on obtient avec le secours ordinaire de la vue; on trouvera que le lait est un liquide aqueux, qui tient en dissolution l'albumine et l'huile, au moyen d'un sel alcali ou d'un alcali pur, qui tient en dissolution un nombre immense de globules albumineux et de globules oléagineux.

Les globules albumineux, à cause de leur poids spécifique, tendent à se déposer au fond du vase; les globules oléagineux, au contraire, doivent tendre à la superficie. Mais les globules oléagineux étant éparpillés en nombre égal parmi les globules albumineux, ne peuvent suivre cette direction sans entraîner avec eux, en plus ou moins grand nombre, les globules albumineux. Voilà pourquoi, au bout de vingt-quatre heures, on observe à la superficie du lait, une croûte composée de deux couches, dont la supérieure contient plus de beurre que de crême, et l'inférieure plus de crême que de beurre; ou, pour parler avec plus de précision, dont la couche supérieure contient un plus grand nombre de globules oléagineux que de globules albumineux. Cette division doit avoir lieu également, au contact de l'air ainsi que dans un vase fermé.

La partie liquide qui se trouve en-dessous contient des substances albumineuses et oléagineuses solubles, du sucre, des sels solubles et un certain nombre de globules oléagineux et albumineux.

Si l'on verse sur ce mélange d'huile et d'albumine, tant en dissolution qu'en suspension, un acide quelconque délayé dans l'eau, il est clair que l'alcali étant saturé, l'huile et l'albumine se précipiteront sous la forme d'un caillot, qui enveloppera tous les globules suspendus dans le liquide, lequel reprendra sa transparence et son acidité. Le caillot montera à la superficie; mais ce caillot sera différent de la crême, en ce que celle-ci est un assemblage de globules adhérens par contact, tandis que l'autre est un véritable caillement membraneux. Si l'on y verse des acides concentrés, leur action sera différente selon leur nature. Ceux qui dissolvent l'albumine dissoudront l'alcali, et l'albumine et l'huile en même tems; ceux qui cailleront l'albumine, tel que l'acide sulfurique, dissoudront cependant l'huile et l'alcali.

Les mêmes circonstances se déclareront nécessairement, dans le cas où il se formera spontanément dans le lait un acide capable de saturer l'alcali; puisque le lait contenant 92 pour 100 d'eau, l'acide organique ne pourrait être suffisamment concentré pour dissoudre l'albumine et l'huile, lesquels, dès ce moment, iront se cailler à la superficie, à cause de la légèreté spécifique de l'huile. Si le lait contient à la fois l'albumine insoluble et le sucre en quantité moindre, ces deux substances réagissant l'une sur l'autre, produiront l'acide acétique, et le lait se caillera. Cette transformation aura lieu plus ou moins rapidement selon l'élévation de la température atmosphérique. Lorsque toute la substance sucrée sera transformée en acide, alors la décomposition de l'albumine précipitée au fond du liquide donnera naissance à quelques produits ammoniacaux, et la fermentation acide sera suivie de la fermentation putride.

Quant aux sels, nous devons observer que les chimistes n'ont pas pu spécifier la présence des sels ammoniacaux dans le lait, comme dans l'albumine; et cependant on y trouve l'hydrochlorate d'ammoniaque, en procédant de la manière que nous avons indiquée en parlant de l'albumine. Par la combustion ces sels donnent des signes manifestes de leur présence. La chaux que *Berzelius* a découverte dans les produits obtenus de la cendre provenant de la combustion du lait, semble au contraire être à l'état d'acétate ou de carbonate; puisque, lorsqu'on soumet au microscope le lait avec l'acide sulfurique concentré, on voit aussitôt se former des faisceaux d'aiguilles de sulfate de chaux, et des bulles de gaz se développer. On objectera peut-être, que le lait, du moins celui de vache, loin d'être alcalin, donne, au contraire, des signes d'acidité. Mais en supposant que le sel alcali soit en partie de l'acétate d'ammoniaque, cette contradiction ne sera plus qu'apparente. En effet, ce sel, au contact de l'air, reprend plus ou moins rapidement son acidité. Néanmoins pour apprécier le nombre et la nature des sels contenus dans ce liquide organisateur, il est nécessaire de recourir à l'analyse du lait.

Nous avons dit que la crême qui surnage dans le

lait, se compose de globules oléagineux, en plus grand nombre que les globules albumineux. Pour séparer ces deux substances, on se sert d'un instrument qui puisse recevoir un mouvement rapide et rompre en même tems la masse de crême qu'on y dépose avec une certaine quantité d'eau. L'acide se forme bientôt dans ce mélange d'huile, de sucre, d'albumine, de sel, etc., et cet acide communique à l'eau la propriété de dissoudre les globules albumineux, et aux globules oléagineux la facilité de se rapprocher et de former la masse homogène. Après beaucoup de lavages de ce genre, on est certain d'avoir la masse oléagineuse pure, lorsque cela est nécessaire pour les besoins de l'économie privée. Cette masse est alors nommée *beurre*, lequel est un mélange d'huile, d'une certaine quantité d'albumine, d'un peu de sucre, des sels du lait et de l'acide acétique qui s'est formé : ce mélange devient rance avant de se décomposer.

Le *fromage* est le mélange de toute l'albumine avec toute l'huile du lait. Ces substances se réunissent par la coagulation de l'albumine soluble, qui épaissit sous la pression, et dont on peut prévenir la fermentation putride, en favorisant cependant la fermentation acide, en y ajoutant une quantité suffisante de sel marin. La couleur varie toujours comme celle du beurre, selon l'espèce des animaux qui ont fourni le lait.

Nous avertirons ici, que les découvertes de *Raspail* avaient été déjà vaguement pressenties par *Haller*, qui dit, que la fibre était pour le physiologiste ce que la ligne est pour le géomètre, c'est-à-dire le point d'où proviennent toutes les figures; nous ajouterons que la fibre supposée par *Haller*, correspond à la petite vessie trouvée par *Raspail* : découverte précieuse pour l'art de la caséification, bien que des savans l'aient jugée chose imaginaire.

RÉSUMÉ.

Opinions de Berzélius et des chimistes qui lui sont antérieurs.	Additions et modifications de Raspail.
Le lait contient :	Le lait contient :
1. Matière caséeuse *semblable* à l'albumine ou fibrine.	*Véritable* albumine (matière caséeuse).
2. Matière butireuse ou *gras*.	Matière butireuse ou *huile*.
3. Sucre.	Sucre.
4. Matière extractive.	. . . .
5. Acide lactique et ses lactates avec les alcalis, la chaux et la magnésie.	Acide acétique et ses acétates.
6. Sels alcalins et calcaires, c'est-à-dire *phosphate* de potasse, soude, chaux, *acétate* et *chlorure* de potasse.	Sels alcalins et calcaires, c'est-à-dire de l'*hydrochlorate* d'ammoniaque, peut-être l'*acétate* d'ammoniaque, et peut-être l'*acétate* et le *carbonate* de chaux.
7. Chaux avec matière caséeuse.	. . . .
8. Magnésie.	. . . .
9. Oxide de fer.	. . . .
10. Eau, 88 à 90 pour 100.	Eau, 92 pour 100.
Dans le lait, on trouve des	Le lait *tient en dissolution*

parties *liquides* et des parties solides sous forme émulsive. Ces parties sont une combinaison de beurre et de matière caséeuse. La matière caséeuse émulsive n'est peut-être pas *identique* avec la matière caséeuse liquide.

Le beurre se trouve en globules.

Le lait de vache a un poids spécifique plus grand que celui de l'eau, c'est-à-dire 1,030.

La crême monte à la sur-

l'huile et l'albumine au moyen d'un *alcali* ou sel alcalin, qui pourrait être l'acétate d'ammoniaque. La matière caséeuse est identique à l'albumine de l'homme, la fibrine du sang et le gluten des céréales.

Avec le microscope on voit dans le lait des globules sphériques d'environ un centième de millimètre. Quelques-uns sont *oléagineux* et plus légers que le liquide; d'autres sont *albumineux* et plus pesans. Ces globules disparaissent dans les alcalis; ils se dissolvent en partie dans l'acide sulfurique; ils se dissolvent tous dans l'acide acétique et dans l'acide hydrochlorique. Mis en plus grande quantité dans l'acide sulfurique, ils se caillent, et s'enveloppent d'une membrane albumineuse.

face, parce qu'elle a un poids spécifique moindre, c'est-à-dire 1,024,4.

Le lait écrêmé a un poids spécifique plus grand que celui du lait, c'est-à-dire de 1,034,8.

Le lait écrêmé est plus liquide que le lait.

La crême contient :

1. Beurre sous forme émulsive.

2. Matière caséeuse.

3. Peu de lait.

La crême contient :

Globules oléagineux très légers.

Globules albumineux pesans.

Sucre, sels du lait et acide acétique.

Les globules oléagineux montant à la superficie, entraînent une partie des globules albumineux. La crême forme deux couches, dont la supérieure contient plus d'huile, et l'inférieure plus d'albumine.

Le *beurre* est une masse de globules de *gras*, avec $^1/_6$ d'autres substances de la crême dont on a ôté le beurre.

Le *beurre* est une masse d'*huile* insoluble dans l'eau, avec un peu d'albumine, de sucre, de sels lactiques et d'acide acétique.

Dans la formation du beurre le mélange du sucre, des sels

et de l'acide acétique produit un acide, qui donne à l'eau la propriété de dissoudre les globules albumineux, de sorte que les globules oléagineux peuvent s'unir facilement.

L'opération de baratter consiste à dégager les globules oléagineux qui surnagent; ils renvoient au fond la matière albumineuse.

Le *fromage* est la matière *caséeuse coagulée* mêlée avec plus ou moins de *beurre*. On peut l'extraire avec l'éther.

Le fromage est un mélange de *toute l'albumine* et de *toute l'huile*.

La *recuite* est la portion de matière caséeuse restée dans le petit-lait, en partie caillée et en partie unie à l'acide acétique.

Dans le caillé artificiel, la présure de veau n'agit pas comme acide, puisqu'elle peut cailler le lait dans la proportion de 1 à 30000.

Le lait est caillé par l'alcool, les acides forts et les sels neutres. Le caillé est dissous par les alcalis et surtout par l'ammoniaque.

Dans le caillé ordinaire, un *acide* quelconque sature l'*alcali* qui tenait en dissolution l'huile et l'albumine;

alors ils se caillent. L'*acide organique* étant trop délayé, ne peut saturer l'alcali.

On obtient le *sucre* lactique par l'évaporation du petit-lait.

Le sucre réagissant sur l'albumine s'aigrit; l'acide qu'il forme produit la saturation de l'alcali.

La putréfaction du fromage donne des produits semblables au gluten végétable.

L'albumine étant décomposée par l'action du sucre, se précipite; et, devenant ammoniacale, donne lieu à la putréfaction du fromage.

La salaison empêche la fermentation putride de l'albumine, en donnant lieu à une fermentation acide.

La matière *extractive* obtenue avec l'alcool est semblable à la matière extractive de la viande.

Ses cendres donnent du carbonate et du chlorure de potasse.

La chaux libre balance l'acide lactique.

La chaux libre doit être à l'état d'acétate ou de carbonate. Avec l'acide sulfurique elle forme des aiguilles de sulfate de chaux visibles avec le microscope, et développe des globules de gaz.

Le lait surit avec absorption d'oxigène, et développe du gaz et de l'acide carbonique. Analysé, il contient $^3/_5$ de carbone, plus $^1/_5$ de nitrogène, et le reste d'hydrogène et d'oxigène.

ARTICLE DEUXIÈME.

Notions physiques sur le lait.

Le lait pur sortant du pis de la vache, forme le seul but de nos recherches. Il est impossible de parler de toutes les variations auxquelles le lait de vache est sujet : elles sont en si grand nombre et si différentes, qu'elles peuvent influer sur la couleur, la saveur, l'odeur, la densité, la quantité des principes constituans, et sur les rapports qui les unissent. En effet, l'état électrique et orageux de l'air, les brouillards, les gaz qui ont de l'odeur, l'humidité, les émanations insalubres, la poussière, etc.,

BIBLIOTHEQUE ROYALE

influent beaucoup sur la qualité du lait : on a observé également que, dans les pays humides et tempérés, le lait est toujours plus abondant.

Les variations provenant du fait de l'animal, sont encore plus nombreuses. En effet, une bête faible, travaillée d'une maladie quelconque, ne donnera que du lait de mauvaise qualité, et en petite quantité, tandis qu'un animal robuste et sain, donnera une excellente qualité de lait; c'est donc ce dernier individu qu'il faut chercher à se procurer. En outre, le lait n'est parfait que lorsque la femelle a atteint l'âge convenable, c'est-à-dire lorsqu'elle a mis bas pour la 3me ou la 4me fois : le lait diminue, puis tarit entièrement vers la 10me ou la 12me année de l'animal.

Parmentier et *Deyeux* ont observé que les vaches nourries avec des tiges et des feuilles de maïs, ou avec de la pulpe de betteraves, donnaient un lait très agréable, doux et sucré; tandis que celui des vaches nourries avec des choux, des navets ou de la moutarde sauvage, avait une odeur et un goût désagréables; et que le lait provenant d'une vache élevée avec des feuilles de pommes de terre, ou avec des herbes des prés était en partie insipide : la paille d'avoine, d'orge et de seigle ne produit pas un lait de bonne qualité (*Sprengel, Mathieu de Dombasle*). Le lait des animaux qui ruminent l'herbe dans les prairies humides, est séreux et insipide; celui de vaches nourries dans les pâturages élevés a plus de goût et de consistance. Le changement de nourriture, le passage instantané d'une nourriture verte à une nourriture sèche, altèrent toujours, pendant quelque tems, la qualité du lait. L'abondance, la fraîcheur et la bonne qualité des alimens, sont des conditions essentielles pour obtenir du bon lait et en grande quantité. Enfin, certaines plantes ont une action particulière sur l'un ou l'autre des principes constituans du lait; les unes augmentent la quantité de la crême, les autres celle du fromage, etc. Ce qui influe aussi beaucoup sur le lait, c'est la quantité et la qualité de la boisson. L'eau très pure, employée discrètement, donne de très bons résultats.

Ces expériences intéressantes, et beaucoup d'autres qu'on pourrait citer, prouvent l'influence que le genre d'alimentation exerce sur le lait de vache. Les soins hygiéniques n'ont pas moins d'empire sur un animal délicat, qu'il faut même garantir contre les intempéries extrêmes des saisons, et assujettir à un exercice modéré, sans fatigue. En outre, qui ne sait que le repos, une habitation saine, un état habituel de tranquillité, influent tellement sur l'animal, que dans ces conditions, le lait contient plus de crême et est plus délicat? Les vaches que l'on fait courir, celles qu'on maltraite, qui sont contrariées ou tourmentées, ne peuvent donner qu'un lait pauvre et peu abondant. En Saxe, en Bavière, en Flandre, en Angleterre et dans quelques pays de l'Italie, on a coutume d'étriller tous les jours les vaches, et de les brosser et les laver de la même manière que les chevaux.

Disons quelques mots de la couleur, de la saveur et de la densité du lait.

On peut attribuer la couleur rouge du lait à deux causes. La première a lieu lorsque la vache a brouté des herbes qui contiennent une matière rouge, qui sert à l'art de la teinture, comme la garance (*rubia tinctorum*), etc. Dans ce cas, le beurre est légèrement coloré en rouge. Dans le second cas, celui où les herbes n'offrent rien de particulier, la teinture rouge provient de la piqûre d'un insecte, dans l'intérieur du trayon. Dans l'un et l'autre cas, il faut user de précaution : changer la nourriture dans le premier cas, traire la vache avec ménagement dans le second cas. On a remarqué à diverses reprises, que le lait, ausitôt après avoir été trait, n'offrait aucun caractère particulier quant à la couleur, à l'odeur et à la saveur, mais qu'après vingt-quatre heures de repos dans les vases, on voyait un grand nombre de petits points se former, lesquels s'étendaient plus ou moins, et recouvraient quelquefois toute la superficie de la crême d'une couche d'un bleu uniforme. La crême provenant du lait bleu, n'est pas différente de celle du lait ordinaire non taché ; le beurre qui en provient n'offre rien de particulier. Le fromage préparé avec le lait bleu n'a, de même, aucune couleur, et se fait parfaitement bien. Ce phénomène singulier a été soumis à l'analyse; mais, malgré les recherches de *Parmentier* et *Deyeux*, de *Chabert*, *Bremer*, *Germain* et *Hermstaed*, il est difficile de déterminer d'une manière précise, quelles sont ses véritables causes. Il est sans doute déterminé par quelques plantes, telles que le sainfoin (*hedysarum onobrychis*), la buglose (*anchusa officinalis*), la queue de cheval (*equisetum arvense*), la mercuriale vivace et annuelle (*mercurialis perennis* et *annua*), la renouée (*polygonum aviculare*), et quelques autres espèces contenant une matière colorante bleue, qui se trouvent ordinairement dans les champs et dans les prés; ces plantes, dans l'état normal des vaches, n'apportent aucun changement dans le lait; mais il se pourrait que, dans certaines circonstances, elles communiquassent à ce liquide une couleur bleue. Ces circonstances sont : la pâture prise dans les champs déjà moissonnés, ou au milieu d'herbes dures, coriaces ou à demi pourries. Une exposition prolongée des vaches aux ardeurs du soleil, aux vents froids, aux pluies et aux intempéries des saisons; la fatigue, la mauvaise nourriture, un mauvais régime et bien d'autres causes exercent une influence sensible sur les organes de la digestion. Lorsqu'on veut enlever au lait sa couleur anormale, il faut, quoique la vache ne soit pas indisposée, réveiller l'énergie de ses organes, en lui faisant prendre tous les jours une jatte d'eau, dans laquelle on aura mis une pincée de sel ordinaire. Le genre d'alimentation doit être remplacé par une nourriture plus choisie. Il faut enfin lui donner de bons soins.

Quelquefois le lait est couvert d'un grand nombre de points dont la nature varie. Tantôt ces points sont bleus, et proviennent des causes indiquées ci-dessus, tantôt ce sont de petites taches causées par la moisissure, qui peuvent provenir de la température trop élevée du local, de la malpropreté ou de la saleté des vases où séjourne le lait.

On a observé que la couleur jaune qui souille le lait est causée par le populage (*caltha palustris*), le *safran*, etc., lorsque les vaches ont brouté de ces herbes.

Le lait, dans son état naturel, a une légère odeur. Elle est aromatique et forte quand les vaches ont mangé des herbes de la famille des labiées, plantes dont les huiles essentielles passent dans le lait; elle est désagréable quand ces animaux se sont nourris de crucifères; quand ils ont trop couru, et qu'ils se sont échauffés, ou bien quand on les a fait passer brusquement d'un genre de nourriture à un autre.

La saveur du lait est sujette aux plus grandes variations.

La saveur désagréable du lait tient aux plantes dont la vache s'est nourrie. Telles sont entr'autres les choux et leurs feuilles gâtées ou pourries, les turneps, les feuilles de pommes de terre, les oignons, l'ail, les poireaux, les gousses vertes des petits pois, le trèfle blanc (*trifolium repens*)[1], l'herbe des prairies artificielles, les re-

[1] Le trèfle ne communique pas de mauvaise odeur au lait. (Note du Trad.)

nonculacées, enfin toutes les plantes acres, les fourrages de mauvaise qualité, etc. Les fleurs de châtaigniers, dont les vaches sont très gourmandes, communiquent un mauvais goût au lait. On remédie à cet inconvénient en donnant aux vaches un peu de sel. Lorsque les vaches mangent trop de paille d'avoine, le lait devient amer. Il contracte ce même goût, si les vaches sont nourries avec des marrons d'Inde, de l'absinthe, ou avec des feuilles d'artichaux. Quelquefois le lait a une odeur d'ail, cela provient des plantes fort nombreuses qui ont une odeur alliacée.

On a obtenu aussi quelquefois du lait qui n'avait aucune saveur, et on a pensé que cela provenait de ce que les vaches avaient mangé une sorte de prêle (*équisetum fluviatile*). Les feuilles fraîches de la vigne donnent au lait un petit goût sur qui n'est pas désagréable. Ordinairement le lait est salé lorsque les vaches n'ont pas été pleines dans la saison précédente. Le lait trait le premier est le plus salé ; ce goût diminue à mesure que l'on continue l'opération de traire ; il finit par disparaître entièrement.

Quelques auteurs prétendent que le lait ne se caille pas lorsque les vaches ont mangé des cosses de pois verts, de la menthe, etc. Le lait parfois se caille très promptement, et il arrive qu'on ne peut recueillir à sa surface qu'une petite quantité de crême, de peu de consistance. Cette circonstance peut être amenée par un tems orageux, par une température trop élevée, ou par des vases en bois mal nettoyés : au moindre mouvement, une grande quantité de parcelles imperceptibles et très légères, s'échappent du lait aigri ou des matières fermentescibles, et vont se déposer sur le lait frais, qui passe spontanément à l'état de coagulation, avant que la crême ait eu le tems de se séparer. Le lait glutineux provient sans doute de la même cause. La grassette *(pinguicula vulgaris)*, dit *Berzelius*, épaissit tellement le lait quand il surit, qu'il devient filamenteux ; cette propriété se reproduit à l'instant même où on mêle ce lait avec d'autre lait frais. Le premier lait des vaches qui ont donné le veau; celui de vieux animaux, accablés de quelque maladie organique, est ordinairement séreux et presque dépourvu de matière butireuse. Beaucoup d'autres causes encore inconnues peuvent déterminer cette anomalie.

Examinons maintenant le lait avant et après le part. Le lait renfermé dans les mamelles de la vache se trouve à la température d'environ 30 degrés R.: *Louis Cattaneo* l'a trouvé constamment, au cœur de l'été, à 30 ou 30 $^1/_4$, et dans l'hiver à 29 $^1/_4$, 29 $^1/_2$. Cette différence est due à l'atmosphère plus basse, que le lait rencontre au sortir du pis. Peut-être aussi les mamelles et le corps de l'animal ressentent-ils eux-mêmes dans quelque partie, le froid de la saison.

Pour que le lait s'élabore convenablement dans l'organe mammaire, et qu'il réunisse tous les principes dont il doit être composé, il faut qu'il séjourne douze heures au moins dans la tétine; et s'il est vrai que le lait soit d'autant plus abondant qu'on trait plus fréquemment, il n'est pas moins certain que le lait est, de la sorte, moins chargé de principes constituans. Au contraire, si l'on ne trait la vache qu'une fois le jour, on a du lait plus riche en beurre d'un septième. Le lait trait le matin est toujours de meilleure qualité que celui trait le soir.

On observe des différences plus importantes dans le lait, selon l'époque où il a été trait, ou selon le tems qui s'est écoulé depuis le part.

A l'époque du part, la vache cesse d'elle-même de produire du lait; on l'amène encore à ce point en la trayant plus rarement, c'est-à-dire, toutes les vingt-quatre, les trente-six ou les quarante-huit heures; car il y a des vaches si abondantes en lait, qu'elles continueraient à en donner tout le tems de la gestation. On dit alors qu'on *laisse tarir* la vache. On laisse tarir la vache cinquante ou cinquante-cinq jours avant le part, afin qu'elle reprenne son embonpoint et ses forces, et qu'après la mise bas, elle continue à donner du lait en abondance. Lorsqu'on laisse séjourner le lait plus de vingt-quatre heures dans les mamelles de la vache qu'on veut faire tarir, il y contracte des qualités nuisibles : il ne peut se purger convenablement dans le travail de la caséification, et devient une des causes qui concourent à former dans le fromage la maladie appelée *rasitura*.

Communément, il est d'usage de ne traire les vaches qui vont mettre bas, qu'au moment du part. Cependant d'après l'analyse obtenue par M. *Lassaigne*, on devrait être convaincu, qu'en laissant séjourner dans les mamelles, surtout aux approches du part, le *colostrum* qui s'y forme, il nuit à leur santé, par suite au lait qu'on doit en extraire; c'est pourquoi, malgré l'opinion contraire, si fortement enracinée, nous conseillerons de traire, au moins dix jours avant le part, et une fois par jour.

Le premier lait que l'on obtient après le part, appelé colostrum, est dense, de couleur jaune foncé, mucilagineux, quelquefois mêlé à des petits filets sanguins: la quantité de crême qui s'en sépare est peu considérable. Douze ou quinze jours après le part, le lait commence à devenir bon. A partir de ce moment, il s'améliore successivement jusqu'au huitième mois, époque où il acquiert tout son degré de perfectionnement. Il y a des vaches très abondantes en lait, qui en produisent de bonne qualité toute l'année, sauf les quinze jours qui précèdent et qui suivent le part; il y en a d'autres qui tarissent au septième mois de gestation.

Pour compléter des détails si importans, nous indiquerons dans un tableau synoptique toutes les différences que le *lait* présente avant et après le part.

Voir le Tableau ci-contre.

TABLEAU SYNOPTIQUE indiquant les propriétés physiques et chimiques du lait de vache avant et après le part.

DATES des EXPÉRIENCES.	ÉPOQUE de la recolte du lait avant et après le part.	COULEUR.	SAVEUR.	DENSITÉ.	ACTION DU CALORIQUE.	EFFETS opérés sur le papier teint de laque moisie.	EAU contenue dans 100 parties.	RAPPORT du volume de la crême au pet.-lait		COMPOSITION CHIMIQUE.					
								CRÊME.	PET.-LAIT.	MATIÈRE butireuse.	ALBUMINE.	SOUDE libre.	MATIÈRE CASÉEUSE.	SUCRE DE LAIT.	ACIDE LACTIQUE.
1 décem.	42 j. avant	blanc jaunâtr.	insip. mucil. et salé.	1063 à + 5°	le lait se caille	bleu	78.4	200	800	consist. molle.	albumi.	soud.	o	o	o
10 dito.	32 j. avant	idem	idem	1062 à + 8°	idem	idem	78.2	200	800	idem	idem	idem	o	o	o
20 dito.	21 j. avant	idem	idem	1064 à + 7°	idem	idem	78.1	200	800	idem	idem	idem	o	o	o
30 dito.	11 j. avant	blanc	doux légèrem. sucr.	1040 à + 8°	il ne se caille qu'en partie	un peu rouge	78.8	200	800	consist. pl. solid.	idem	o	mat. cas.	sucre de la.	acide lacti.
11 janvier.	de suite après le part	idem	idem	1039 à + 8°	idem	idem	78.2	200	800	idem	idem	o	idem	idem	idem
15 dito.	4 j. après	idem	doux et sucré	1035 à + 8°	il ne se caille pas	rouge	79.8	200	800	idem	o	o	idem	idem	idem
17 dito.	6 j. après	idem	idem	1033 à + 7°	idem	idem	82.0	188	812	consist. pl. mol.	o	o	idem	idem	idem
1 février.	20 j. après	idem	idem	1040 à + 7°	idem	idem	89.0	78	922	idem	o	o	idem	idem	idem
2 dito.	21 j. après	idem	idem	1037 à + 6°	idem	idem	88.0	59	941	idem	o	o	idem	idem	idem
11 dito.	30 j. après	idem	idem	1038 â + 5°	idem	idem	90.0	64	936	idem	o	o	idem	idem	idem

ARTICLE TROISIÈME.

Conséquences pratiques, résultant de l'examen des propriétés physiques et chimiques du lait.

Il est essentiel de faire, sur le lait, d'autres observations qui intéressent la pratique, c'est pourquoi nous avons cru devoir y consacrer un chapitre à part, et reproduire ce qu'a fort bien dit le savant *Louis Cattaneo.*

Ce savant, admettant la vitalité dans le lait, ayant ensuite reconnu dans le lait un progrès de fermentation active, il suit de là, comme conséquence, qu'il faut modérer sa santé naturelle, ou ranimer la maturité survenue ou excédante, c'est-à-dire régler le cours de la fermentation d'après certaines règles théoriques et pratiques; en d'autres termes, constituer les parties solides du lait dans l'équilibre chimique nécessaire, afin que la pâte ne mûrisse pas avant que le fromage ait pris consistance, et qu'il ne naisse pas d'exfoliations à l'intérieur, ou de crevasses au dehors, par le trop de tenacité de la matière, ou par son peu de cohérence; ce qui forme la base fondamentale d'une bonne réussite.

La *santé du lait*, dit *Cattaneo*, est le premier état où se trouve la matière caséeuse, quelque tems même après qu'on l'a trait, et qu'on l'a dépouillé de la plus grande partie du gras composant son émulsion. La maturité est l'effet de la réaction naturelle produite par la présence des acides et des sels lactiques, et par tout autre motif altérant; par cette réaction, les globules albumineux tendent à se dilater et à absorber leur propre menstrue : le lait paraît alors acquérir de la consistance, quoique en réalité la substance liquide n'ait pas diminué de volume.

Le passage du lait de l'état de *santé* à celui de *maturité*, s'effectue par degrés, et d'autant plus rapidement que les causes qui altèrent son composé, sont plus grandes. La ligne qui divise ces deux états est un point imperceptible, un inconnu que personne jusqu'à présent n'a su que déterminer approximativement.

Dans la caséification d'un genre complet, afin que le lait arrive à l'état de fromage parfait, il est indispensable que le lait reste en repos, et ne soit dérangé par aucune cause motrice. C'est pendant le repos que se dissout l'émulsion laiteuse. Les premiers symptômes de cette solution apparaissent dès que les parties butireuses qui y sont dissoutes, montent à la superficie; elles s'y portent d'autant plus vite que la température est plus élevée, l'atmosphère plus pesante, le lait plus pauvre en matière caséeuse et plus disposé à se décomposer.

Tandis que le lait perd la chaleur animale qui l'accompagne au sortir du pis de la vache, et que les parties oléagineuses s'échappent des globules albumineux pour se réunir et former la crême, la matière caséeuse perd une portion de la vitalité, acquise dans les combinaisons de la chimie animale, qui l'ont produite; cette action, en terme de l'art, s'appelle *mûrir*. La durée de la période de maturité est inhérente aux qualités du lait ou aux éventualités auxquelles celui-ci est soumis après avoir été trait.

Le lait parvient à sa maturité de deux manières, que *Louis Cattaneo* nomme maturité *naturelle* ou spontanée, et maturité *forcée*. La maturité spontanée se développe par le repos, la maturité forcée se produit par le mouvement occasioné par le vent, par l'état électrique, par le transport, par le transvasement, etc. Le lait mûri par ces moyens est appelé par les praticiens *méchant lait*, ce qui veut dire qu'il est arrivé à un mauvais résultat, parce qu'il a fait, en peu de tems, un grand pas vers la décomposition, sans s'être convenablement débarrassé de sa première chaleur, et des 4/5 des parties butireuses pendant qu'il était à l'état de santé.

Les fermiers savent combien les courans électriques nuisent à la santé du lait, et ils ont observé que, s'il arrive en été des orages, ou s'il fait des éclairs pendant plusieurs heures, le lait, en fort peu de tems, répand une odeur de bouilli, et la crême réunie à sa surface, quoique abondante en apparence, est réduite à fort peu de chose et n'est composée que de petites bulles, qui sont d'autant plus grandes que l'électricité est plus considérable. La science explique ainsi ce phénomène : les petites bulles proviennent de la chaleur qui se développe surtout par la réaction des substances non-organiques et la décomposition chimique du lait.

Les observations des chimistes se sont bornées à rendre compte du tems que le lait emploie pour passer à la coagulation spontanée, mesuré en raison des circonstances physiques et chimiques qui l'accompagnent. *Bouchardat* prétend que cette coagulation s'effectue plus ou moins vite, selon les différentes matières dont sont faits les vases qui servent au transport et au repos du lait; il ajoute que le transvasement cause une décomposition plus prompte; mais personne n'a parlé des degrés de maturité du lait, comme condition essentielle à la bonne réussite des fromages.

Le lait sain et un peu vif (*ed alquanto vivo*) est le meilleur, parce qu'il demande beaucoup de tems pour arriver au point de maturité. Dans le long intervalle qu'il doit parcourir, il peut se débarrasser convenablement des parties butireuses, et modérer sa vigueur naturelle, tout en conservant à la matière caséeuse la consistance nécessaire, pour que la pâte caillée se lie et se forme, à mesure que le fromage mûrit. La maturité du lait s'acheminant lentement et graduellement, est le prélude de la marche régulière de la caséification.

Le lait vif tire sa qualité du terrain et de la pureté de l'atmosphère. Il agit comme du vin généreux, lorsqu'on le verse d'un vase dans un autre, et parfois sa vivacité est telle qu'on le voit sautiller, et la masse ondule d'elle-même dans le pot pendant les premières heures de son repos.

On appelle lait cru celui qui, à l'époque du repos ou du transport, a été exposé à une température basse ou à un vent froid du nord. On le reconnaît à la trop grande quantité de mousse que fait la crême, lorsqu'on l'enlève et qu'on la verse dans un autre vase.

Le lait *rabbioso* (enragé) est celui qui a un goût aigre, même à l'état de santé. Les causes de cette aigreur sont la nature des herbes, les sels de la terre, les terrains marécageux, et les arrosemens trop répétés. Dans les deux premiers cas, la vie du lait est de peu de durée. L'aigreur pourrait aussi provenir d'une trop grande quantité d'acide lactique, ou bien de la présence d'un autre acide qui se serait formé dans la sécrétion même du lait, par une qualité spéciale de la nourriture; ce qui demanderait un examen scientifique. Dans les deux derniers cas, la consistance du lait est plus précaire : les variations de l'atmosphère le font changer plus facilement, et il passe plus rapidement à l'état de maturité ou de coagulation spontanée. Lorsque le lait se trouve à cet état, il prend aussi le nom de lait aigre.

Le lait *fiacco* (faible) est produit par des vaches mal nourries, ou nourries avec des fourrages verts, fermentés, ou avec ceux provenant d'un terrain maigre, ombragé, ou trop souvent submergé par les eaux, etc. Ce lait est pauvre en matières solides; il est insipide, et dès qu'il outrepasse son degré de maturité, il donne des produits ammoniacaux au lieu de passer à la fermentation acide.

Le lait *fetido* (fétide) n'est pas toujours le plus mauvais. Parfois il est sain et ne doit son odeur qu'à la nature des herbes, notamment aux joncs et à quelques plantes bulbeuses telles que le *muscari comosum* et l'*ornithogalum umbellatum*. Il suit de là que le fermier soigneux doit visiter les lieux où paissent les vaches, afin de savoir à quoi s'en tenir lors de la manipulation du lait.

Le lait *marcido* (corrompu) (ce terme n'est usité que dans la caséation de genre complet), on appelle ainsi le lait qui, avancé en maturité, et malgré toutes les ressources de l'art, pour le caséifier avec succès, ne donne que des résultats incomplets, soit 90 sur 100 qui étaient probables; ce lait, quoique impropre à fabriquer du fromage de *grana*, peut fort bien servir à faire les fromages connus sous les noms *robbiole*, *formaggine*, *stracchini magri*. Il est bon de remarquer encore que si la masse à travailler était de bonne nature, et qu'une petite portion seule se trouvât dans de mauvaises conditions, cela suffirait pour gâter la totalité du fromage, sauf le cas où la matière corrompue, en se précipitant après la cuisson, vient à se réunir en une seule masse, comme cela arrive souvent.

Le lait *guasto* (gâté) est celui qui a séjourné plus de vingt-quatre heures dans la tétine de la vache, lorsqu'on la laisse tarir, ou celui que produisent les vaches affectées d'une maladie locale aux tétines. Cet état du lait reconnu, il n'y a plus qu'à le jeter, car il ne peut servir à aucun usage.

Cattaneo parle d'une autre qualité de lait qu'on recueille des *bergamine* affectées de maladie épidémique ou contagieuse. Ce lait parcourt une période vitale appelée *fermentation*, dont les caractères extérieurs sont les mêmes que ceux que présente le lait ordinaire.

Toutes ces variétés qu'offre le lait, se reconnaissent à la densité, à la saveur, à la couleur et à l'odeur, et même au bruit que fait le lait quand on le verse. Il y a du lait qui, en tombant, produit un bruit vif: c'est une qualité particulière, en général, au lait sain. Au contraire, il y a du lait qui tombe comme de l'huile, file et produit un bruit sourd : c'est un des états les plus fâcheux du lait, il caractérise le lait pourri (*marcio*) ou excessivement mûr. On apprend à connaître ces distinctions par l'usage et la pratique.

On reconnaît les différentes périodes du lait aux différens états de la crême réunie à la surface, lorsque le lait est en repos. C'est un axiome de pratique que non-seulement la crême annonce l'état de fermentation du lait ; mais cet état de fermentation devance la marche du lait à peu près d'une heure et demie, ce qui sert d'avertissement aux ouvriers diligens et instruits. C'est elle qui indique quelle période le lait a parcourue pour arriver au point précis de maturité. La crême se trouvant en grande partie dans les globes huileux du lait, et les matières grasses, à température égale de l'atmosphère, retenant plus long-tems la chaleur primitive par suite de leur propriété d'être conductrices du calorique, on comprend aisément comment il se fait que la crême prenne les devans sur le lait dans l'acte de la fermentation.

La crême ne suit pas la même marche en été qu'en hiver. Les symptômes qu'elle présente à ces deux saisons, sont aussi différens. Dans l'hiver, lorsqu'elle se présente comme une bouillie légère, molle et blanche, le lait jouit du plus haut degré de santé; est-elle plus épaisse et un peu tenace, le lait est au second degré de santé; si la densité de la crême, lorsqu'on la brise avec le doigt, présente une petite peau filamenteuse et tirant sur le jaune, le lait est au troisième degré de santé; enfin, si la crême présente de petits grumeaux semblables à des semences, le lait est déjà à l'état de fermentation. Dans l'été, la crême ne peut pas avoir une grande densité, à cause de la température et de la marche plus rapide du lait, à qui manque le tems nécessaire pour se condenser.

Dans cette saison, on s'assure de son état en soufflant dessus. Si le lait se trouve dans un premier degré de santé, la crême doit être molle, lisse, et non grasse; si elle est huileuse, le lait est au second degré; si la crême tend à se grumer, le lait est sur le point de se décomposer. Au fort de l'été, si la crême devient en peu de tems abondante, c'est un indice de sa décomposition prochaine.

En général, il faut observer si, d'une période à l'autre de la formation de la crême, le lait change de couleur, si de blanc opaque il devient verdâtre. Il faut encore goûter le lait, pour savoir si d'un degré de douceur agréable au goût, il passe à l'acide doux, ou s'il devient simplement acide ou acide fétide. En entrant dans le lieu où le lait est renfermé, si l'on sent une odeur de lait bouilli, c'est un indice que le lait est en fermentation; si l'odeur est fétide, le lait est de mauvaise qualité.

Il faut aussi observer si le lait qui se trouve dans des vases de cuivre, a fait perdre à ces vases leur brillant, à cause de l'évaporation que le lait subit en perdant sa chaleur animale, ou si quelque goutte de lait, tombée par hasard sur un endroit du vase, a laissé une tache sensible : ces différens signes indiquent la tendance du lait à mûrir. Si le brillant du vase n'a pas souffert, le lait est très sain; il l'est d'autant moins que les taches qu'il a faites sont plus épaisses.

Il faut avoir soin de ne pas permettre aux domestiques de manger du pain dans la laiterie, de peur qu'il n'en tombe quelques miettes dans le lait : le levain agit comme présure dans le lait, et la moindre partie altérée suffit pour gâter toute la masse.

Lorsque tous les moyens indiqués n'ont pu amener le lait à l'état de maturité, il faut avoir recours à un autre expédient.

On prend une cuiller en laiton, on la remplit de crême prise à l'instant même à la surface du lait, et l'on expose la cuiller sur un feu ardent. Quand la crême échauffée se gonfle, on retire la cuiller du feu, et on examine si la crême grumée est séparée du petit-lait. Si elle n'est pas grumée, on la fait couler en renversant la cuiller, et l'on observe si la crême a laissé une couche dans le fond, ou si elle est parfaitement nette. Si la cuiller est propre, le lait est sain; si la crême est séparée du petit-lait, le lait ne peut servir à la caséification. Pour s'en assurer davantage, on prend un petit pot, on le remplit de lait, on l'expose à un feu vif, et on le remue pendant qu'il s'échauffe. Quand il bout, on le retire du feu, on le verse dans un vase, et on examine s'il est ou non grumé. S'il est grumé, il ne peut pas servir à la fabrication du fromage de grana.

ARTICLE QUATRIÈME.

De l'acide lactique, et de l'emploi de la magnésie.

Cet acide est essentiellement distinct, défini et particulier, comme l'a prouvé Berzelius, et comme l'ont confirmé Gay-Lussac fils et Pelouze [1]. On le

[1] Thénard et autres le regardent comme un acide acétique, et Vogel comme un acide carbonique.

trouve non-seulement dans le lait suri, mais dans le lait frais, comme le célèbre chimiste suédois l'a démontré, et comme chacun peut le voir, surtout dans le lait des vaches qui se sont nourries de trèfle. Cet acide abonde plus en été qu'en hiver, et devient plus copieux et plus prononcé, à mesure que le lait est plus reposé. Arrivé à un certain degré, tandis que le lait possède une certaine chaleur, il réagit sur la matière caséeuse délayée dans le liquide, se combine avec elle, et donne lieu à la précipitation de la matière solide, empêchant ainsi la matière caséeuse de devenir parfait fromage de grana. Comme on s'est aperçu que cet acide change les conditions du lait en peu de tems, et surtout en été, et s'oppose à la bonne réussite du fromage, on s'est efforcé d'en arrêter le développement ou d'en diminuer les effets [1].

Les précautions indiquées par Cattaneo, consistent à tenir le local où repose le lait garanti de l'ac-

[1] Le lait est une substance d'une décomposition très facile.

tion du soleil, du vent du midi, des matières en fermentation, et exposé à un courant d'air frais; à le faire reposer dans des vases qui le privent le plus tôt possible de sa chaleur propre, et qui détournent du lait les effets du fluide électrique, cause de prompte fermentation. C'est ainsi que les uns conseillent d'échauffer de tems en tems le lait, soit pour éviter la formation de l'acide, soit pour l'en séparer, dans le cas où il s'y trouverait. Un autre moyen est d'y ajouter quatre *boccali* d'eau de source, pour chaque *staio* de lait, lorsqu'on abandonne le lait au repos. Voici les résultats qu'on en obtient : 1° L'acide lactique qui se trouve à l'état libre perd son efficacité (*Berzelius*). 2° La basse température de l'eau réduit plus tôt celle du lait à la température du lieu. 3° La partie huileuse du lait s'élève plus tôt, pour former la crême, les obstacles qu'opposaient les globules d'*albumine* qui se trouvent dans le lait délayé, ayant perdu de leur énergie. 4° Le caillé du lait délayé, quand on le brise, se sépare plus promptement du petit-lait, et se précipite et se réunit en même tems avec plus de promptitude. Mais toutes ces précautions ne suffisent pas toujours pour obvier aux inconvéniens de la présence de l'acide dans le lait. Louis Cattaneo propose l'emploi de la magnésie pour le combattre; il pense que le sous-carbonate de magnésie, à cause de sa grande affinité pour les acides, se combinerait aisément avec l'acide lactique et le neutraliserait, et qu'ainsi il concourrait au succès de la caséification, en assurant la marche régulière du lait et la perfection du fromage.

D'un autre côté, Ant. Cattaneo fait observer que, malgré tous les avantages de l'emploi de la magnésie dans la fabrication des fromages, on doit en craindre les conséquences; ses conclusions sont, qu'il faut exclure les alcalis, comme des corps hétérogènes ou nuisibles.

CHAPITRE III.

DES DIFFÉRENTES ESPÈCES DE PRÉSURE, ET DE LA MANIÈRE DONT ELLES AGISSENT.

De la présure, ou caglio.

Sous ce nom, on désigne tout ce qui est propre à faire passer le lait de l'état fluide à l'état solide, encore que ce dernier caractère soit imparfait.

La présure usitée chez nous, n'est autre que cette partie du lait coagulé qu'on trouve dans l'estomac des jeunes veaux, agneaux ou chevreaux tués avant le sevrage, et quelquefois aussi la membrane muqueuse elle-même de l'estomac.

Quelques fromagers, au lieu de la préparer eux-mêmes, l'achètent : la meilleure est celle de Plaisance. Celle de Lodi agit trop promptement.

Les acides d'une espèce quelconque, sont de

véritables présures pour le lait, mais tous ne sont pas opportuns. Les sels avec excès d'acide, tels que la crême de tartre, le sel d'oscille et la gomme arabique, le sucre, l'esprit-de-vin, jouissent plus ou moins de cette propriété. On a fait des expériences avec le caille-lait (*galium verum*), le fromage a réussi; il était un peu verdâtre, mais en même tems il était plus gras, plus consistant et plus doux. En filtrant soigneusement avec la poudre de charbon le suc de ce galium avant de l'employer, il perd sa couleur verte, et le fromage prend une couleur pâle. Ferrari prétend qu'il faut préférer le galium à toute autre présure, parce que le fromage est alors moins sujet à la putréfaction, ce qui n'a pas lieu avec le *colostrum* des veaux. Les Suisses, dit-on, emploient journellement le *galium* de Paris [1], et leurs fromages sont moins sujets à se décomposer que les nôtres. Ces assertions sont complètement fausses.

[1] Le *Galium parisiense* de Lynné n'est pas une espèce différente du *Galium verum*, il diffère en ce que celui-ci a les fleurs jaunes, et l'autre les a blanches.

Chaque pays prépare le caillé à sa manière. Il est essentiel que les ventricules soient de bonne qualité, qu'étant examinés à la lumière, ils soient transparens, et qu'ils ne laissent voir aucune tache; qu'ils soient bien lavés, salés, séchés et conservés dans la saumure, c'est-à-dire dans une eau qui contienne en dissolution la plus grande quantité possible de sel. On peut se servir des estomacs ou ventricules quelque tems après la salaison, mais ils sont meilleurs quand ils sont un peu mûrs. Quelques-uns prétendent que c'est un mauvais procédé que de mettre l'estomac dans le lait pour le faire cailler, qu'il vaut mieux le faire macérer dans l'eau tiède ou dans le petit-lait suri, et que cette opération doit avoir lieu le soir, afin que la liqueur serve le lendemain matin. Il suffit de faire infuser 3 centimètres carrés d'estomac salé et séché pour cailler soixante bocali de lait. En Lombardie, on enlève le petit lait de l'estomac des veaux qui têtent; on sale l'estomac et on le sèche; on le découpe en petits morceaux, et l'on y mêle du sel et du poivre, ainsi que du petit-lait et de l'eau : tout cela forme une bouillie. Quand on veut se servir de cette présure, on l'enveloppe dans un linge, et on la plonge dans le lait réchauffé. Dans le Limbourg, on ne vide pas l'estomac des veaux, mais on les sèche un peu ; on les remplit d'eau tiède dans laquelle on a fait dissoudre du sel marin. Après vingt-quatre heures, on filtre le liquide qui est resté dans l'estomac, et on s'en sert en guise de présure. D'autres font macérer pendant vingt-quatre heures, l'estomac frais dans la saumure [1]. Dans quelques endroits, on coupe le ventricule en très petits morceaux, on y mêle quelques cuillerées de crême et de sel ; cette espèce de bouillie est introduite dans une vessie qu'on fait sécher. La veille du jour où l'on veut s'en servir, on la délaye dans l'eau chaude. En Suisse, on ôte l'estomac frais du veau, on le

[1] Voici comment on prépare la saumure : on fait dissoudre dans l'eau bouillante une quantité de sel marin, jusqu'à ce qu'il exerce sa puissance dissolvante. On laisse refroidir cette solution, et quand elle est saturée, on la passe à travers un linge.

vide, on le nettoie, et on sale légèrement les parties intérieures qu'on fait sécher à une température modérée. Quelques jours avant de s'en servir, on le coupe en petits morceaux qu'on met dans un kilogr. 25 grammes de petit-lait ou d'eau tiède dans laquelle on a jeté un peu de sel marin. Après deux jours d'infusion, ce liquide sert de présure: il peut se conserver quelques semaines, en le tenant dans des vases fermés dans un lieu frais. Il faut avoir soin, au bout de quatre ou cinq jours, d'enlever les morceaux d'estomac du lait, parce qu'ils pourraient faire fermenter la présure, et que l'odeur pourrait faire gâter le fromage.

Mme Haymard, si renommée dans le Glocester par son habileté dans tout ce qui concerne la manipulation du lait, prépare la présure de la manière suivante : elle ajoute deux citrons et dix bocali d'eau à six estomacs secs et salés depuis un an ; elle en prépare une très grande quantité à la fois, parce qu'ainsi il est meilleur. Elle ne l'emploie qu'après deux mois de repos.

M. Wislin fait délayer 375 grammes de présure fraîche dans deux bocali de vin blanc généreux, en lavant bien la partie intérieure de l'estomac avec ce vin. Il ajoute à ce liquide 62 grammes de chlorure de sodium et 62 grammes d'alcool à 32°. Il verse le tout dans une bouteille, et le laisse reposer pendant huit jours. On filtre ensuite le liquide, qui peut se conserver sain pendant très long-tems. Une cuillerée de cette préparation suffit pour cailler un bocale et demi de lait dans l'espace d'une demi-heure au plus.

Selon Marshall, il faut enlever l'estomac du veau aussitôt que l'animal est tué; on le débarrasse du lait caillé, et on le lave plusieurs fois avec de l'eau froide; on le sale en dedans et en dehors, de manière qu'il soit couvert de sel. On le met dans un pot de grès, où il reste deux ou trois jours. Ce tems passé, on ôte du vase l'estomac, et on le suspend en l'air pendant deux ou trois jours, afin qu'il sèche. On le sale ensuite de nouveau, et quand le sel a bien pénétré toutes les parties, on découpe l'estomac, et on le fait sécher sur une planche. Il peut alors se conserver dans un lieu sec, ou mis dans un vase, seul ou avec de la saumure, en couvrant le vase d'un parchemin troué avec une grosse aiguille. Pour s'en servir, on fait bouillir pendant un quart d'heure environ, à une légère chaleur, dans quatre bocali d'eau, 15 grammes de feuilles de *rosa canina*, et 187 grammes de sel marin; quand le liquide est refroidi, on le verse dans un vase en grès, avec l'estomac salé, et on y met un citron coupé par tranches, et 31 grammes de clous de girofle, ce qui communique à la présure un bon goût et une bonne odeur. Son action est relative au tems pendant lequel on laisse l'estomac dans le liquide.

M. Parkinson suit un autre procédé. Après avoir ouvert un veau d'environ six semaines, il ôte le caillé qu'il met dans un vase propre, où on le lave à plusieurs eaux; on l'étend sur un linge pour le faire sécher, et on le met dans un autre pot avec une pincée de sel. On lave bien l'estomac, et quand il est sec, on le sale en dedans et en dehors. Alors on le remplit du caillé, et on place tout cela dans un vase couvert d'une vessie, pour empêcher l'air de pénétrer : quand on veut l'employer, on ouvre l'estomac, on met le caillé dans un mortier de pierre, on le frappe avec un pilon de bois, et on y ajoute trois jaunes d'œufs, 280 grammes de crême, un peu de safran en poudre, trois ou quatre clous de girofle et un peu de muscade. Quand tout cela est bien mêlé, on le remet dans l'estomac. On prépare une saumure et une pincée de bois de sassafras bouilli dans l'eau. Quand cette saumure est froide et claire, on y ajoute quatre cuillerées de présure préparée comme nous l'avons dit. Cette quantité suffit pour séparer la matière caséeuse contenue dans 80 bocali de lait.

Voici un autre procédé. On lave soigneusement les estomacs de veaux nourris uniquement avec du lait; on les sale bien, et on les laisse pendant deux mois dans le sel. Après ce tems, on les met dans un sac de grosse toile, toujours enveloppés de sel. On suspend le sac sous la cheminée, on l'y laisse pendant dix mois au moins, mais pas trop près du feu. Au printems, quand la primevère est en fleurs, on recueille cette plante, on en sépare les fleurs, on fait bouillir les tiges pendant un quart d'heure dans une quantité d'eau déterminée, dans laquelle on a fait dissoudre un demi-kilogramme de sel et 31 grammes d'alun par quinze bocali d'eau. On laisse cette décoction en repos jusqu'au lendemain, et on la passe à travers un linge. Dans cinq bocali de ce liquide on fait macérer deux estomacs de veau pendant quatre jours; on verse alors le liquide dans des bouteilles, après y avoir ajouté deux ou trois clous de girofle. Ce liquide se conserve sain pendant une année, et même davantage si la bouteille est bien fermée: deux cuillerées suffisent pour séparer le caillé du lait. Les estomacs qui ont servi peuvent être employés une seconde fois, si on les sale au moins pendant quinze jours.

La présure économique et de longue durée se prépare de la manière suivante. On met les membranes de l'estomac ou les ventricules dans des fromages nouveaux, doux et tendres, et on l'y laisse pendant quatre jours ; on prend ensuite autant de fromage qu'il en faudrait pour remplir quatre estomacs de veau; on mêle à ce fromage, en trois fois, quinze grammes de poivre, soixante-deux grammes de sel commun, un peu de farine de seigle et un demi-bocale d'eau-de-vie. On pétrit le tout avec force, et on en remplit les estomacs des veaux. Si l'on désire que cette pâte sèche plus promptement, on fait dans les estomacs des trous avec une épingle, et on les frappe avec une férule; puis on les met dans un lieu sec. Cette présure ce conserve pendant une année au moins, sans perdre de sa force; elle a l'avantage de préserver le fromage des insectes. Quand on veut s'en servir, on délaye un morceau de cette présure dans l'eau, qu'on verse ensuite dans le lait, en le remuant bien. On peut préparer chaque semaine la quantité nécessaire de présure pour la consommation ordinaire.

ARTICLE DEUXIÈME.

Considérations sur l'action de la présure, et de la proportion dans laquelle on doit l'employer.

La présure sert à séparer le petit-lait et à réunir les parties caséeuses et butireuses : c'est la présure qui donne au fromage sa dureté. Si son action est trop lente, les parties grasses viennent en grande abondance à la surface; si elle est trop prompte, les parties grasses restent dans le petit-lait ou coulent avec celui-ci. Dans les deux cas, le fromage reste maigre, âpre au palais, et se déforme. Il faut donc tempérer tellement la chaleur de l'atmosphère, la quantité et la force de la présure, que les parties grasses restent incorporées avec les parties caséeuses, et puissent librement se séparer du petit-lait. Cette maxime est générale et fondamentale dans la fabrication des fromages. La tendance des parties caséeuses à se durcir, dépend de l'effet immédiat de la présure, ou de la force de ces parties réveillée par la présure.

Le fromager intelligent peut déterminer la dose de présure d'après les résultats de la caséification du jour précédent : pour cela, il n'a qu'à chercher à se rendre compte de la force de la présure qu'il emploie, et à en diminuer ou à en augmenter la dose.

Cette règle ne suffit pas s'il change de contrée. Pour mieux se régler, il faut qu'il connaisse la nature de cet acide artificiel, et son intensité relativement à la quantité du lait; car s'il emploie trop de présure, le fromage ne sera pas de bonne qualité; il faut apporter une grande attention à la quantité et à la qualité de la présure, ainsi qu'à la température de l'atmosphère.

L'habitude de quelques fromagers d'employer toujours une certaine quantité de lait et de présure, dans toute saison, ne se justifie pas. Elle ne s'adapte pas aux différens degrés de la température, ni aux différentes qualités du lait: la présure agissant chimiquement sur le lait, et précipitant une substance que le liquide tient en dissolution, il s'en suit qu'il faut proportionner la quantité de la présure à la quantité et à la nature de la matière caséeuse, afin que l'excès de la présure ne lui communique pas quelque défaut.

La matière caséeuse étant variable en raison de la bonté plus ou moins grande des pâturages, on ne peut déterminer la dose de présure que d'après des observations physiques. Il faut donc reconnaître la nature du lait: celui-ci doit être d'une couleur azurée; il faut en outre qu'il soit doux et qu'il coule librement. Si le lait offre ces conditions, la dose de la présure, en employant le *colostrum* du veau, est d'un gramme par chaque bocale.

Si le lait est un peu aigre bien que très sain, doit-on changer la dose de présure? Dans ce cas, il faut observer sa fluidité ainsi que sa densité. Pour juger si le lait est trop fluide ou trop épais, les experts ont coutume d'en mettre quelques gouttes dans le creux de la main : si elles conservent leur figure sphérique, et si elles coulent lorsqu'on incline légèrement la main, le lait est réputé sain.

Toute saveur étrange d'un lait sain provient d'ordinaire du pâturage des prés secs, et d'herbes d'un goût âcre et piquant; si le lait est doux et trop épais, il faut changer et diminuer la dose de la présure, parce que cela prouve que les parties grasses et caséeuses abondent, de même que les parties sur lesquelles la présure doit agir.

Les propriétés du lait dépendent aussi de la constitution de l'animal. Généralement, si la vache n'est pas traite en tems opportun, si elle a vêlé depuis peu, si elle est malade, le lait le révèle par sa couleur et sa saveur. Si, par un accident quelconque, le lieu où le lait doit se coaguler ne se trouvait pas à une chaleur de 20° Réaumur, il faudrait amener l'atmosphère à ce degré, en employant le feu dans l'hiver et la glace dans l'été; de 20 à 24 degrés de chaleur, le fromage reste dans les mêmes conditions; mais si la chaleur n'atteint pas 20 degrés, le fromage tarde beaucoup à se coaguler: dans ce cas il en va de même que si l'on avait employé moins de présure.

Si la dose de présure est trop forte, le fromage s'appelle doux: il ne se conserve pas long-tems; il ne sèche pas autant qu'il conviendrait en été; il se gonfle et n'acquiert pas la consistance nécessaire; si la dose est moindre, le fromage s'appelle mûr. Dans ce cas les parties grasses ne s'incorporent pas avec les parties caséeuses; elles s'agglomèrent en divers endroits, rancissent dans le fromage, et y forment avec le tems des trous connus sous le nom d'yeux (*occhi*).

Si le lait approchait de la période de la fermentation acide, comme l'œuvre dela caséification doit être terminée en peu de tems, tout calcul sur la dose de présure serait inutile. On doit faire tous ses efforts pour prévenir, autant que possible, l'altération de la matière caséeuse.

CHAPITRE IV.

DE LA FABRICATION DU FROMAGE.

—

ARTICLE PREMIER.

Manière d'écrêmer le lait.

Le principe fondamental de la réussite du fromage est basé sur l'équilibre entre la santé et la maturité du lait, modifié par le repos, la température etc., ou comme nous disons, par la fermentation commencée et non continuée, et par la soustraction des quatre cinquièmes de la partie grasse ou huileuse. La distribution du lait dans les vases doit se régler d'après son état, c'est-à-dire d'après les circonstances éventuelles qui précédèrent ou accompagnèrent la sécrétion, en ayant égard à celles qui peuvent survenir dans le tems du repos, selon la saison, la température, la position du local, dont le fromager doit connaître les avantages et les défauts.

Le lait trait le soir en été, se met dans les vases contenant chacun un *flaco* et demi environ ; le lait du matin se mêle avec celui du soir, après qu'on a enlevé la crême. On prétend que le lait du soir qui a reposé excite la fermentation du lait du matin, et que ce dernier retarde la fermentation commencée de celui du soir, particularité extrêmement favorable pour assurer le succès de la caséification.

Quand on a jugé que le lait du soir a besoin, à une certaine heure de la journée, d'être plus sain et d'entrer plus vite en fermentation, on emploie pour la même quantité de lait, un nombre plus grand de vases.

Comme c'est du lait plus ou moins gras que dépend la confection plus ou moins parfaite du fromage, par cela seul qu'on augmente ou qu'on diminue le nombre des vases pour la même quantité de lait, on arrive à obtenir, à une heure déterminée, le lait le plus propre à la caséification, et modérément gras.

Dans l'été on risque davantage de voir le lait du soir dépasser le point convenable avant celui du matin; il perd promptement, à cette époque, sa chaleur propre et son excès de crême. Il faut donc, avant de placer le lait dans les vases, que ceux-ci soient bien rafraîchis avec de l'eau de source, que le lait se maintienne à la plus basse température, et qu'il emploie plus de tems pour arriver à sa maturité. Cette précaution est nécessaire si l'on veut obtenir plus de crême, et assurer un cours régulier à la caséification, dans les saisons où le lait se décompose plus facilement.

Il faut passer le lait pour le purger de ses impuretés. Tout corps étranger contenu dans le lait nuit à son état de santé. Il faut ensuite enlever l'écume produite par la décantation; pendant le le jour on l'abrite de la lumière et de la réflexion du soleil, comme d'autant de causes qui favorisent sa décomposition, puis on le laisse en repos ; on le surveille pour connaître sa marche et son degré de santé. Quand le lait est arrivé au point voulu de fermentation, on l'écrême. Si l'on n'écrêmait pas le lait, celui-ci, étant trop gras par suite de la bonté des pâturages de la Lombardie, ne prendrait pas assez de solidité pour supporter ni le transport, ni la mer. *Cattaneo* veut qu'on enlève la crême du lait, parce qu'elle sert à faire le beurre, objet précieux pour l'économie domestique. En effet, le beurre se fait sans dépense et n'exige que 80 minutes de travail; son prix est toujours de moitié plus élevé que celui du fromage; on peut le livrer au commerce à l'instant même, et en tirer de l'argent, ce qui n'arrive pas avec le fromage. Le fromage écrêmé est meilleur que l'autre. Le lait qui doit servir à la fabrication du fromage de grana, doit rester pendant quelque tems en repos, pour qu'il perde le degré de fermentation nuisible à la réussite du fromage. Si par le repos la fermentation n'éprouve pas de modification, l'opération de la caséification en éprouve un retard considérable, et cela pour deux raisons: 1° plus la fermentation du lait est violente et plus longue est la période qui lui reste à parcourir, moins la dose de caillé doit être considérable; 2° plus le lait est sujet à une vive fermentation pour la même quantité de caillé, plus la coagulation est lente. Le fromager serait forcé de réchauffer pendant un plus long espace de tems, et d'attendre du tems ce que le repos n'a pu faire pour la caséification: dans ce cas l'opération qui, dans le cours régulier des choses, s'accomplit en trois heures environ, se ferait en cinq ou six heures. Plus le lait est gras et plus le tems de la coagulation est prolongé, plus on perd decrême dans le petit-lait quand on brise le caillé. La crême séparée du lait dans le repos, ne peut plus se combiner avec le lait, comme primitivement. Le fromage de grana, quand il est trop gras, prend souvent l'odeur dit de *scaffino*, et se gâte; on remédie aux inconvéniens résultant du lait trop gras, en augmentant la quantité de présure, afin d'accélérer la coagulation. Mais en agissant ainsi, on expose le succès de la fabrication, et on perd beaucoup sur la quantité de fromage.

Suivant *Cattaneo* le lait ne doit pas être trop maigre pour le fromage de grana, 1° parce que, pour obtenir une plus grande quantité de crême, il faut le laisser plus de tems en repos, ce qui cause au lait une maturation excessive, et le place dans une condition très favorable; 2° parce que, avec du lait trop maigre, on obtient du fromage maigre, qui n'a que peu de poids comparativement à la masse du lait, qui est peu substantiel et peu savoureux, et partant n'est pas recherché dans le commerce: ce fromage a peu de valeur et vieillit avant de se perfectionner. Si l'on était forcé de laisser de la crême dans le lait qu'on doit convertir en fromage, afin d'avoir un meilleur produit, il vaudrait mieux laisser dans le lait la crême qu'on a coutume d'enlever en second lieu, comme contenant moins de parties huileuses et étant plus riche en parties albumineuses.

Il faut user de certaines précautions quand on

enlève le lait pour le placer dans la chaudière. Le lait, pendant le repos, ayant été distribué dans plusieurs vases, et ceux-ci se trouvant placés en différens endroits du local, il arrive que le lait le moins exposé à l'air libre, est toujours le plus mûr. C'est pourquoi il faut mettre d'abord dans la chaudière, le lait le plus sain, et en dernier celui qui est le plus mûr. Le lait le plus sain, versé d'une même hauteur, saute moins que le lait mûr; plus le lait est mûr, plus il est huileux.

ARTICLE DEUXIÈME.

Observations sur les différens degrés auxquels il convient de réchauffer le lait; de la cuisson du fromage, et de la nécessité de faire usage du thermomètre.

Il faut réchauffer lentement le lait si l'on veut obtenir une bonne coagulation: les meilleurs fromagers emploient une heure de tems à cette opération; dans le cas seul où la fermentation tournerait à l'aigre, il faudrait réchauffer le lait peu de tems; il faut prendre en considération la quantité de lait à réchauffer, ainsi que l'épaisseur de la chaudière.

Nos connaissances sur le degré de température qu'il faut donner au lait sont très imparfaites. Il résulte de l'expérience, que le local où repose le lait ne doit pas avoir plus de 15 degrés de chaleur; la température ne doit pas en avoir 20 quand il s'agit de faire coaguler le lait. M. *Louis Cattaneo* veut qu'on ne néglige pas une observation faite par des anciens fromagers : quand le lait est agité il se forme à sa surface de petits globules, à peine visibles, à 23 ou 24 degrés. Nos fromagers calculent cette chaleur en plongeant la main dans la chaudière; celui qui, dans ce cas, a le lait le plus fin, est réputé le plus habile. Mais ce thermomètre est trop sujet aux variations; il est nécessaire d'avoir recours au vrai thermomètre pour établir avec précision les différens degrés de cuisson, d'où dépend la parfaite réussite du fromage. Si le fromager se trompe au commencement et perd la main dans l'opération, il tombe dans une foule d'erreurs, et difficilement retrouve son chemin. Mais s'il part d'un point certain, il est plus difficile qu'il se trompe. Il faut faire observer aux fromagers que la première chaleur du caillé ne peut pas être invariable, attendu que la température n'est pas toujours la même, et celle-ci influe beaucoup sur le lait. Plus celle-ci est base, plus le lait est sain. Si donc la température est élevée, il faut donner une moindre chaleur au lait, et augmenter la chaleur dans la saison froide.

Il est à remarquer qu'on doit mettre d'abord dans la chaudière le lait trait la dernière et l'avant-dernière fois, et l'échauffer lentement jusqu'à deux degrés de plus que la température nécessaire, ensuite attiser le feu et verser dans la chaudière le lait trait immédiatement auparavant : quand on voit que le lait se lève, on met dans la chaudière le lait trait le premier ; il s'échauffe promptement, et se coagule aussitôt sans avoir le tems de mûrir davantage. Pendant l'hiver, quand le lait est très sain, il faut l'échauffer lentement, et le laisser reposer dans la chaudière autant de tems, avant de le cailler, qu'il en faut pour dompter son excès de santé. Quand le lait tiédit, on le mêle doucement de tems en tems, afin que la masse s'échauffe en même tems d'une manière égale. En plongeant la main dans le lait, on frappe de tems en tems avec le doigt du milieu dans le lait, ce qui s'appelle *dare la goya :* cette opération fait venir à la surface les globules dont il a été question; dès que la température est au point voulu, on tourne la chaudière en l'éloignant du feu, afin de mettre dans le lait la présure nécessaire : après cela, on laisse le lait en repos.

Les menus fagots sont ce qu'il y a de mieux comme bois à employer pour faire le feu; du bois plus fort ne convient pas à la fabrication du fromage de grana. Ce dernier produit peu de flamme, et frappe trop fortement le fond de la chaudière; le feu de fagots, au contraire, répand une flamme vive qui s'étend partout, et réchauffe en même tems toute la paroi extérieure de la chaudière.

On a signalé un fait très singulier qui se produit chaque fois qu'on emploie du sarment de vigne pour chauffer le lait et pour cuire le fromage. Sous l'action de cette chaleur, le lait, quel que soit son état de santé, arrive immédiatement à l'état de maturité ; toutes les autres circonstances qui accompagnent cet état se produisent aussitôt, comme si elles étaient le résultat du tems.

ARTICLE TROISIÈME.

De la fraction du caillé et de sa pression.

Quand le lait est en parfait état, il faut laisser bien mûrir le caillé; si on le laissait trop mûrir, surtout quand le lait a de la tendance à surir, le fromage se masserait et aurait le défaut connu sous le nom de *forma frusta.*

Quand on voit que le caillé se resserre, en se détachant des parois de la chaudière, et que les tranches laissées par la *panaruola*, prennent de la consistance; que le petit-lait est devenu abondant, et qu'en pressant le caillé avec la main, il perd son caractère filamenteux, on brise alors le caillé avec la *rotella*, et on le réduit en morceaux gros comme des noisettes, puis on le laisse en repos. Dans cette période, si la marche de la caséification suit son cours régulier, on laisse reposer le caillé jusqu'à ce qu'il se soit abaissé environ de 11 centimètres de la surface du liquide, de manière que, pour le toucher, il soit nécessaire de plonger la main dans le petit-lait jusqu'au-dessus du poignet. Quand le caillé est complètement formé, on le brise; cette opération se fait de différentes manières, selon la masse et la qualité des fromages. Dans la Basse-Lombardie, on brise le caillé avec une écuelle en bois, et aussi avec le *spino*, pour diviser et séparer la partie caséeuse du petit-lait. On brise et on coupe le caillé avec un couteau à trois lames, qui pénètre jusqu'au fond du récipient; on s'en sert légèrement d'abord, en le fendant à angles droits à 27 millimètres de distance; on détache tout autour du récipient la matière coagulée; on l'abandonne au repos pour quelques momens, afin qu'elle ait le tems de déposer, puis on reprend le remuement au moyen des incisions. Après un court repos, on coupe de nouveau les masses de grumeaux; une pelle est excellente pour cette opération. Quand la matière caséeuse est divisée en petits morceaux, et que les parcelles sont presqu'égales, on couvre le récipient, et on le laisse en repos. Après quelques instans, quand la matière caséeuse est déposée au fond du vase, on retire le petit-lait avec une écuelle, et on le passe dans un tamis pour ôter tous les petits morceaux de caillé. Cette opération demande un tems plus ou moins long, selon la quantité de la matière. On coupe ensuite le caillé en gros morceaux, ou en pains carrés qu'on rassemble au milieu du récipient, en les mettant les uns sur les autres, pour qu'ils sèchent et prennent de la consistance. On sépare le reste du petit-lait, en inclinant un moment le vase, ou en le faisant sortir par un trou pratiqué dans le fond. On recueille la matière caséeuse qui doit être mise dans les formes, en la séparant et en la comprimant avec les mains. On remplit les formes, en tâchant que la matière soit plus élevée au milieu, on la couvre d'un linge, et on la soumet au pressoir que l'on charge de poids; cela a lieu pendant une demi-heure. Dans quelques endroits on ôte le fromage de la forme, on le brise en morceaux, et on le fait passer par un moulin situé sur un tonneau. Par ce moyen, on prétend qu'il se réduit promptement en une espèce de pulpe; en procédant ainsi, on conserve les parcelles grasses, qu'on perd par les autres méthodes. Quand le petit-lait est clair et d'une couleur citron, c'est une preuve non douteuse que la coagulation est parfaite. S'il est blanc et trouble, cela prouve qu'il retient du beurre, et alors le fromage est insipide et de peu de valeur. Le caillé est imparfait, quand il retient une partie du petit-lait, qu'on peut difficilement séparer; il demande une plus forte dose de sel, ainsi qu'une forte pression. Le fromage est luisant et cristallin quand le lait est sain; il devient opaque, quand il est près de la fermentation acide. Quand on opère la coagulation à froid, il est nécessaire de mettre dans une seule nuit, la quantité nécessaire de présure pour obtenir cette coagulation. Il est nécessaire de goûter le petit-lait pour s'assurer de son état, et calculer les changemens qui pourraient être survenus, et obligeraient à hâter la caséification, afin que le fromager soit à même de se diriger dans la marche des périodes ultérieures.

Quand la matière caséeuse est suffisamment sèche et ferme, on la retire du panier, en la renversant sur des planchettes ou claies couvertes de paille. On a l'habitude d'entourer ces claies avec une grosse toile d'un tissu lâche, pour laisser circuler l'air et les préserver des mouches. Quand la matière caséeuse n'est pas bien débarrassée du petit-lait, elle est assujettie à un genre particulier de putréfaction. Dans ce cas, une légère pression ne suffit pas, il faut une pression vigoureuse, afin que le petit-lait sorte entièrement de la masse. Cette pratique n'est usitée que dans la partie septentrionale de l'Italie. Autrefois on se servait d'une grosse pierre pour presser, mais on y a renoncé à la fin du siècle dernier, parce qu'on a reconnu que la pâte du fromage ne laissait pas couler facilement le petit-lait, et qu'elle ne se purifiait suffisamment des principes *subdoles*, qu'autant qu'elle y avait été préparée par un bon procédé de caséification. Le principe effervescent et le gaz qui se développent de la matière caséeuse, et produisent le gonflement de la masse, dépendent du trop de présure joint à la santé du lait : on ne peut contenir cette force à l'aide de la pression; car le fromage qui tend à se dilater, lors même qu'on le tient renfermé dans un cercle de fer et soumis au pressoir, briserait ses entraves.

Un riche propriétaire, dans le but de soustraire le fromage aux accidens qui font changer sa qualité et son prix, fit construire un pressoir; mais après avoir mis sous la pression une cinquantaine de fromages, il fut forcé d'abandonner l'usage de la pression. Les fromages, non-seulement étaient sujets aux éventualités ordinaires, mais ils s'étaient déchargés du sel et de l'huile, ce qui les constituait à l'état de matière morte, et empêchait leur perfection.

Néanmoins, nous sommes assurés que si l'on

négligeait de presser le fromage dans quelques pays, comme en Hollande, il aurait moins de durée. Dans l'automne, par les tems humides, la pression ne pourrait-elle pas hâter la perfection du fromage? Un grand nombre d'expériences lèvent toute espèce de doutes à cet égard. Il paraît que les pressoirs les plus forts n'ont aucun avantage sensible; c'est à peine si l'on obtient, par leur secours, des résultats plus satisfaisans qu'avec la manière habituelle de déposer le caillé dans des sacs, dans les linges ou filets, où il égoutte tout seul et par son propre poids. Quelques praticiens pensent qu'une forte pression sert à durcir la partie extérieure plus que l'intérieur du fromage. Cette opinion ne nous paraît pas fondée. Si l'on veut avoir des fromages délicats et susceptibles de mûrir, on peut se servir du pressoir pneumatique de M. Robinson, secrétaire de la Société royale d'Edinbourg.

De quelque manière que le caillé soit brisé et divisé, et bien purifié du petit-lait, il faut en remplir les formes en le pressant fortement avec la main. On couvre ensuite la pâte avec un linge, pour y retourner le fromage; après quoi on le lave avec du petit-lait chaud, on l'essuie et on remet le fromage dans le même linge, sur lequel on a préalablement versé une petite quantité d'eau chaude, qui durcit un peu la surface de la masse, et l'empêche de se briser et de se crevasser. Le fromage ainsi préparé est soumis ensuite à l'action graduée du pressoir. On le tient ainsi pendant deux heures sous le pressoir; après ce tems, on l'en retire, on change le linge, et on le remet sous le pressoir, où il doit rester de douze à vingt-quatre heures.

Dans quelques pays, on cherche à empêcher que la pâte ne sorte de la forme, en la maintenant par des cercles d'étain ou de ferblanc, dont la partie inférieure est fixée à l'orifice de la forme. Quelques-uns se servent de cercles en toile fabriquée avec de petites cordes. Avec la spatule de bois on enfonce les bords de cette toile, entre le linge qui entoure le fromage et la forme, de manière qu'elle tourne tout autour et serre le fromage.

ARTICLE QUATRIÈME.

Purification et cuisson de la grana.

La chaleur modifie l'action de la présure, ainsi que l'état de la matière caséeuse, et renouvelle les principes qui entrent dans la composition du lait. Il s'agit maintenant de déterminer la quantité de tems et le degré de chaleur qu'il convient d'employer pour la purification et la cuisson. Si le petit-lait est blanc, si sa surface est nette, s'il offre une odeur et une saveur agréables, si le caillé est mou, gonflé, luisant, d'un blanc de lait, et si l'atmosphère est pure et tranquille, on soumet la matière à la purification, en faisant brûler seulement deux petits fagots de bois. Si les circonstances étaient absolument contraires, il faudrait augmenter proportionnellement l'intensité du feu. Si l'on s'aperçoit que la purification suit une marche plus lente que de coutume, le feu doit être d'autant plus vif que la purification est plus prompte.

Les grumeaux, lorsqu'on les soumet à la purification, sont gonflés, mous et luisans; à mesure qu'ils s'épurent, ils se sèchent; ils se brisent ensuite sous les doigts et perdent leur brillant. Ils diminuent de volume, et à mesure qu'ils perdent de leur grosseur, leur poids spécifique augmente. Ils cessent dès lors de surnager aussi facilement qu'auparavant sur le liquide; c'est pourquoi il faut remuer graduellement, avec d'autant plus d'intensité, que les grumeaux tendent davantage à se précipiter. Lorsque la dépuration est achevée, et que la température s'élève, les grumeaux perdent de leur poids spécifique; ils deviennent d'autant plus légers, qu'on les soumet davantage à l'action du feu; dans ce cas, ils se précipitent plus lentement: en prolongeant l'opération, on dit que la *grana* a de la tendance à voler (*à volare*). Pendant la dépuration, et lorsque la température du liquide est arrivée à 33° R. environ, on met le safran, comme nous le verrons à l'article suivant.

Quand les grumeaux perdent leur grosseur, et acquièrent assez de viscosité pour s'attacher les uns aux autres, et que l'on remarque un excès de santé, il faut observer attentivement s'il y en a quelques-uns plus volumineux qui restent gonflés et luisans; pour cela, on les presse entre les doigts. Si les grumeaux sont tous composés de matière caséeuse, on en conclura que la chaleur ne les a pas pénétrés comme les autres, et dans ce cas, on continuera l'opération. Si, au contraire, on les trouve gonflés et vides, c'est un signe que la matière caséeuse pèche par excès de santé; le vide intérieur est causé par un gaz déjà développé, que la matière a la propriété d'alimenter en proportion de sa vivacité; c'est la même cause qui produit de petits globules. Il faut alors ralentir beaucoup le feu, ou même l'enlever tout-à-fait, accélérer le remuement avec la *rotella*, et attendre que le tems, le mouvement et la température mûrissent ces grumeaux. On obtient la dépuration, 1° en reconnaissant que l'élasticité des grumeaux a tout-à-fait cessé; dans ce cas, la matière caséeuse est passée à l'état de fromage ; 2° par l'apparition du *patuzzo*, espèce d'impureté grumeuse qui paraît à la surface du petit-lait. Si le *patuzzo* se présente quand la dépuration est avancée, ou s'il n'a que peu de dimension à la première apparition, et s'il se dilate ensuite graduellement, c'est un indice que la dose de la présure a été proportionnée aux conditions et à la quantité du lait. L'axiome que le feu mange la présure, et que la dilatation du *patuzzo* est le point d'équilibre entre la matière caséeuse et la présure, sert de base pour déterminer la période de la dépuration. La dépuration achevée, on passe à la cuisson.

Cette opération ne présente des différences que dans le degré de température. On fait brûler, sous la chaudière, quatre ou cinq fagots, et cela avec d'autant plus d'intensité, que la matière est plus saine, et vice-versâ, pour élever promptement la température que l'opération de ce jour exige. Les fromagers reconnaissent le degré de cette température, en plongeant le revers de la main et de l'avant-bras dans le liquide. Une pratique constante leur a appris à distinguer, avec quelque précision, la température, à tel point même que, ayant répété l'expérience avec le thermomètre, on n'a jamais trouvé un degré entier de différence dans les deux manières d'opérer : toutefois, nous conseillons d'employer, par préférence, le thermomètre.

La cuisson achevée, on tourne promptement la chaudière, en l'éloignant du fourneau, et on cesse de remuer le liquide, pour que la précipitation des grumeaux s'opère, et que la pâte du fromage se réunisse en un seul corps. Aussitôt on retire le petit-lait de la chaudière avec le *ramino*, jusqu'à la distance d'une main de la masse caséeuse amassée au fond ; on met ensuite dans la chaudière une petite quantité de petit-lait froid ou d'eau, pour abaisser la température, et permettre au fromager de plonger sa main dans la chaudière, afin de recueillir la masse du fromage et de l'envelopper dans la *patta*. Voici comment cela s'exécute : un ouvrier se penche vers la chaudière, les mains en avant, et la tourne sur elle-même pour remuer la matière caséeuse. En même tems un autre ouvrier lui présente une extrémité de la *patta*, qu'il fait passer au-dessous de la masse, et par un mouvement particulier, il la ramasse dans la *patta*, et l'enveloppe complètement. On remet alors le petit-lait dans la chaudière, ainsi que le fromage, muni de la *patta*; celui-ci plonge dans une masse de liquide; il perd une grande partie de son poids, et arrive jusqu'aux bords de la chaudière. Deux ouvriers, lesquels tiennent chacun les bords de la *patta* serrés entre les mains, retirent le fromage de la chaudière et le placent dans le grand seau. Cela fait, on remet au feu la chaudière, pour retirer du petit-lait les seconds produits *del fiorito* et *della mascarpa acida*. Ces opérations secondaires sont abandonnées aux soins des ouvriers; le fromager en examine ensuite les résultats.

Quand la pâte du fromage, après la cuisson et la précipitation des grumeaux, s'attache plus que de coutume aux parois de la chaudière, c'est un signe que la dose de présure n'est pas suffisante. Si la *grana*, lors de la précipitation, reste suspendue, ou comme on dit vulgairement, si elle s'envole (*vola*); si, après avoir été retirée de la chaudière, elle est molle; si elle présente ce caractère dans la *patta*, et si, lorsqu'on l'étend sur le *pattone*, elle n'entre en mouvement que quelques heures après qu'on l'a mise à égoutter, c'est un indice qu'il y a un excès de présure. Si la *grana* s'envole et si la pâte se met en mouvement sur le *pattone*, cela prouve que le lait n'a pas assez chauffé pour se cailler. Lorsqu'au sortir de la chaudière le fromage est mollet, et présente beaucoup de volume relativement à la quantité de lait employé, et lorsqu'en le pressant avec la main, il retient les impressions des doigts, et n'a plus d'élasticité, on dit que le fromage est *bien accompagné*, c'est-à-dire que la dose de présure, le tems de la cuisson et le degré de chaleur ont été bien observés; tout fait espérer que l'opération aura de bons résultats. Au contraire, si le fromage est *appostato*, c'est-à-dire s'il est tenace et peu volumineux, relativement à la quantité de lait employée, on ne peut compter sur de bons résultats. Pendant le tems que le fromage reste dans le grand seau, il doit perdre abondamment du petit-lait clair ; ce signe indique une dépuration favorable. Il doit rester dans le seau une demi-heure environ, moins, si l'odeur de la matière caséeuse indique qu'elle mûrit. On transporte ensuite le fromage dans le *spersole*, où on le met dans la *fasciera*. On couvre la masse de la pâte avec le *tondello*, qui la garantit de l'air pendant qu'elle égoutte et se refroidit. Pendant le tems qu'elle reste dans le *spersole*, elle ne doit pas se gonfler, mais se resserrer et se détacher de la *fasciera ;* la pâte alors se lie. Elle doit jaunir beaucoup, laisser sortir abondamment du petit-lait limpide, et retenir des traces du *pattone :* tels sont les signes auxquels on reconnaît que la caséification a réussi.

Si le fromage placé dans la *fasciera*, laisse couler du petit-lait blanc avant d'être ôté de la *patta ;* si, débarrassé de la *patta*, il ne se gonfle pas, cela prouve qu'il n'y a pas assez de présure. S'il entre en mouvement étant encore dans la *patta*, et si, débarrassé de celle-ci, son mouvement augmente, s'il répand du petit-lait blanc, et se gonfle, c'est un signe que la dose de la présure a été extrêmement abondante. S'il gonflait extraordinairement, il faudrait élargir par degré la *fasciera*, et percer le fromage en plusieurs endroits avec une épingle en bois d'environ 15 millimètres de diamètre, pour en faire sortir le gaz qui s'est développé de la matière caséeuse, et afin que celle-ci ne se désagrège pas. Dans ce cas, il faut recouvrir le fromage avec de la glace concassée, qui sert à arrêter le développement du gaz.

Environ une heure après que la matière est à égoutter, on la délie de la *patta*, on la serre de nouveau dans la *fasciera*, afin qu'elle conserve sa forme, et on la met sur le *pattone*. Celui-ci favorise aussi la dépuration.

Quelquefois la pâte du fromage, pendant qu'elle égoutte, laisse apercevoir une ligne transvervale irrégulière de couleur ferrugineuse, appelée *milo*. Le fromage qui porte ce signe s'appelle *boccarda*, c'est-à-dire marqué à la bouche : c'est un indice que la matière est de qualité assez saine, que la proportion de la présure et l'intensité du feu ont été bien réglés, et que l'opération a été bien conduite. Ce signe transversal *milo*, doit serpenter beaucoup pour indiquer que les parties caséeuses sont bien unies entre elles. Si, au sortir de la chaudière, le fromage présente une masse volumineuse, et si la matière est disposée à faire *buona legatura*, son volume primitif diminue beaucoup en séchant et en s'épaississant. Dans ce cas, le signe ferrugineux transversal forme différens angles saillans et rentrans. Dans la pratique de la caséification, ces fromages sont réputés d'une qualité distinguée.

Le fromage marqué par le *milo* n'abonde jamais en présure; si ce signe se présente en serpentant, c'est un indice que le fromage tourne à la maigreur; il se ride alors lorsqu'on le retire de la *fasciera;* du reste ce n'est pas un grand défaut si, dans l'hiver, il y a moins de présure, à cause de la vivacité du lait, et vice-versâ pour le fromage de mai : dans l'été le manque de présure est un grave défaut, parce que le fromage n'arrive pas à parfaite maturité.

Quand la pâte du fromage est refroidie et lorsqu'elle a pris la forme qu'elle doit conserver, si on la trouve adhérente aux parties intérieures de la *fasciera*, et pauvre en couleur, c'est un indice qu'il y a trop de présure, et que la matière a gonflé; cet état est connu sous le nom de *forma ingrugata*. Si le fromage ne retient pas la trace des impressions du tissu du *pattone*, c'est un indice de matière *cisa*, *frustra* (pauvre), c'est-à-dire que pendant l'opération le fromage a été apauvri de ce qui le rend délicat et onctueux. Ordinairement quand le fromage ne conserve pas ces traces, c'est une preuve qu'il y a abondance de présure; quand cette rayure présente des cavités luisantes, propres et d'un jaune vif, on dit que la pâte est bien accompagnée de présure et de feu; mais quand au fond de ces cavités, le fromage en séchant présente du moisi blanchâtre, c'est un indice de peu de présure. Enfin, quand le fromage reste dans le *spersole*, s'il se manifeste des signes arrondis, concaves et plus jaunâtres que la pâte où ils sont, on doit en conclure que la température du lait, pendant la coagulation, a été trop élevée.

Les fromagers instruits surveillent le fromage quand il est dans la *spersole;* ils l'arrosent dans les premiers momens avec du petit-lait chaud, afin que sa surface ne durcisse pas trop, et que le petit-lait puisse égoutter. Si la pâte est de qualité mûre *una parmacola discotta* suffit; plus la matière est saine, plus elle demande de petit-lait. On la retourne de tems en tems; le soir on place la tête en bas, et on lui laisse passer toute la nuit dans cette position.

Si le lait a atteint la période de la fermentation acide, il faut accomplir l'opération de la caséification en peu de tems. Ce qui se fait de la manière suivante. On place le lait dans la chaudière, sur un feu vif; quand on est parvenu à la température de 26° R, on jette dans le lait, sans ôter la chaudière du feu, la présure déjà détrempée dans l'eau, dans la proportion de trente-un grammes au plus pour chaque *flaco* de lait; on agite le liquide avec la *rotella,* pour distribuer également la présure, et pendant ce tems le lait se coagule. On ôte alors la *rotella*, et on y introduit promptement le *spino* pour briser en petites parcelles le caillé ; un ouvrier pousse et attise le feu. La température du liquide arrivée à 38° R. environ, on tourne la chaudière en l'ôtant du feu ; on laisse précipiter la *grana* et l'on retire le plus tôt possible la pâte du petit-lait. M. *Cattaneo* a trouvé qu'il est très opportun de mettre promptement le fromage dans l'eau froide, en l'y laissant une heure avant de le mettre dans la *fasciera*.

ARTICLE CINQUIÈME.

De la couleur du fromage ; et particulièrement de l'usage du safran.

Outre le sel dont nous parlerons bientôt, on introduit dans les fromages diverses substances, qui en varient à l'infini la saveur, l'odeur et la couleur. Dans les Vosges, par exemple, on mêle dans les fromages de *Gérardmer* des graînes de plantes ombellifères ; dans le Limbourg on y incorpore du persil, de la ciboule ; en Angleterre, pour donner de la couleur aux fromages de Gloucester, de Chester, etc., on se servait anciennement du safran et aussi de la racine de souchet long et de plusieurs autres substances. Maintenant on n'emploie que le fenouil, ou bien la fécule qu'on obtient de la pulpe qui recouvre les semences de l'*oriana ;* dans d'autres pays on a coutume de faire un trou au milieu du fromage, et d'y verser du vin de Malaga et des Canaries ; dans certaines localités, on donne aux fromages l'odeur de rose et de violette. Chez nous on se sert exclusivement du safran ; les fermiers lombards en emploient 2 drachmes par chaque 7 *brente* de lait : s'ils en mettaient davantage la pâte serait trop colorée, et prendrait une saveur et une odeur trop fortes. Le safran cependant n'est pas nécessaire dans la fabrication des fromages ; mais comme la couleur lui donne plus de prix, il est bon de s'en servir. Outre la couleur qu'il communique au fromage, le safran lui donne encore un goût très agréable ; il en rend aussi la digestion plus facile. Le safran s'emploie en poudre ; on choisit de préférence celui qui est nouvellement recueilli ; il faut qu'il soit mou, pas trop chargé de parties jaunes, et qu'il ait bonne odeur et bon goût.

Il est à remarquer que le safran en poudre se trouve uni à d'autres substances qu'on y mêle, pour favoriser autant que possible sa pulvérisation : c'est pourquoi, en employant le safran en poudre pour la fabrication du fromage, on introduit dans cette préparation des substances inutiles, peut-être même contraires au résultat des opérations. Les stygmates du safran se composant de beaucoup de substances différentes, indépendamment de la partie colorante, ils se mêlent sans utilité à la masse générale, quelquefois aussi à la matière caséeuse, qui souffre beaucoup de leur présence.

ARTICLE SIXIÈME.

Salaison du fromage.

Lorsque le fromage retient beaucoup d'humidité, il ne se confectionne pas bien, il ne devient pas savoureux et ne se garde pas long-tems. C'est pour cela qu'on a coutume de le saler ; cette opération est une des plus importantes de la caséification.

Pour y procéder, on se sert du sel commun, chimiquement appelé chlorure de soude, tel qu'il sort des gabelles; cependant quelques-uns prétendent que l'on doit préférer le sel gemme ou fossile, comme moins âcre et d'un goût moins déplaisant, et encore parce qu'il n'attire pas autant l'humidité de l'atmosphère : leur opinion concorde en cela avec celle des anciens. Les Hollandais sont très aptes à choisir le sel qu'ils emploient pour la salaison des fromages. Tantôt ils se servent d'un sel très fin évaporé pendant vingt-quatre heures, dont ils font usage, surtout pour les fromages de Leyde; d'autres fois, c'est un autre sel évaporé pendant trois jours, dont ils imprégnent les fromages de Edam et de Zonda; ce sel est en cristaux de 14 millim. cubes; enfin, ils emploient encore un sel en cristaux de 27 millim. cubes, obtenu par une évaporation lente qui dure cinq jours. Celui-ci sert pour les fromages les plus fins.

Les effets du sel appliqué au fromage, se réduisent, 1° à lui ôter l'excès d'humidité qui est nuisible; 2° à le confectionner à son juste point; 3° à le préserver de la putréfaction.

La quantité ordinaire de sel pour la salaison du fromage de *grana* est ordinairement de une once par livre, c'est-à-dire, un vingt-huitième de la matière à saler. Quelques-uns l'emploient dans la proportion de 56 onces par forme de 60 livres (la livre étant de 28 onces). La pratique et l'expérience sont les meilleurs guides à suivre en pareil cas.

Dans d'autres pays, la quantité de sel employée

est bien différente : elle est approximativement de 5 livres (de 16 onces chaque) pour cent livres de fromage. Les Hollandais sont plus scrupuleux, quant à la dose de sel à employer pour chaque sorte de fromage ; ce n'est qu'après beaucoup d'expériences qu'ils ont déterminé cette proportion avec une grande exactitude.

Il y a deux méthodes pour saler le fromage. La première consiste à le saler aussitôt qu'on l'enlève du pressoir, en le plaçant dans la forme, enveloppé dans un linge blanc ; dans cet état, on le plonge dans une saumure saturée, où on le laisse plusieurs jours, en ayant soin de le retourner au moins une fois le jour. Par la seconde méthode, on recouvre la surface du fromage, et on en frotte les côtés avec du sel fin, et chaque fois qu'on le retourne, on répète cette opération, en changeant deux fois de linge. Dans quelques endroits, on commence la salaison du fromage vingt-quatre heures après sa fabrication ; et, dans certaines fermes, on sale pendant la pression. Néanmoins, généralement, on ne sale le fromage que lorsqu'il a été complètement soumis à la presse.

Examinons maintenant combien de tems il faut laisser reposer le fromage avant de le saler. Si la pâte du fromage est bien unie, et si elle est débarrassée de toute humidité, on ne la laisse reposer que quelques jours. Dans les deux cas, la pratique nous enseigne que les fromages qu'on veut saler, doivent être retirés des formes et placés sur des planches. Pendant l'espace de dix jours, on frotte la superficie avec du sel en poudre, une fois par jour; si le fromage est volumineux, on l'entoure de petits cerceaux ou d'un filet, afin qu'il ne se crevasse, ou ne se rompe pas; ensuite on le lave avec de l'eau ou du petit-lait chaud, et on l'essuie avec un linge, puis on le place sur les tables à fromage, afin qu'il sèche; on l'y laisse reposer une semaine, en le retournant deux fois par jour; ensuite on le transporte dans le magasin ou casière, pour qu'il achève de s'y mûrir.

On dispose les fromages à saler sur des planches

dites *salatori*, on les retourne tous les deux ou trois jours, selon la saison; on les range par ordre d'ancienneté, et on les place les uns au-dessus des autres, pour profiter du sel liquéfié qui en découle. On ne doit entasser les fromages qu'après plusieurs jours, et lorsqu'on s'aperçoit que la première fermentation occasionée par le sel, commence à décliner; autrement, on occasionerait une fermentation trop active.

A mesure que le sel s'incorpore à la matière caséeuse, le fromage blanchit, et sa croûte durcit et devient ferme. Les fromages dont la surface ne blanchit pas uniformément, et qui laissent paraître çà et là des taches jaunes dans le blanc, avant d'être à demi salés; ceux qui ne durcissent pas, ou qui durcissent difficilement, indiquent que le lait dont ils proviennent, n'a pas été assez chauffé pendant la coagulation, et que leur pâte n'a pas été purgée et cuite convenablement; de tels fromages ne durcissent même pas après la salaison; ils ne jaunissent plus ensuite comme les autres pendant la dernière période de la confection du fromage. Pendant les chaleurs de l'été, beaucoup de ces fromages s'affaissent et se dilatent; d'autres se gonflent et se gâtent, à cause de la fermentation putride qui s'y déclare : si on les coupe, on trouve que la pâte est verdâtre, molle, de mauvaise odeur et de mauvais goût.

Si les fromages ne se dilatent pas lorsqu'on commence à les saler, et que vers la moitié de la salaison ils se gonflent, et que leur volume augmente toujours de plus en plus, cela provient de ce que la pâte ne contenait pas assez de présure. Les fromages qui se crevassent indiquent que la présure est en trop petite quantité, et que la maturité de la matière caséeuse a été trop grande.

Les gens peu éclairés font un trou dans le fromage au moyen d'une aiguille, afin que le gaz se développe et que le fromage se dégonfle; mais ceci ne peut avoir lieu pendant la salaison, parce que, par l'ouverture pratiquée, le sel fondu pénètre dans le fromage et y occasione une maladie incurable qui le rend maigre, et lui donne un goût d'ammoniaque.

On a déterminé le tems pendant lequel le fromage doit être soumis à la salaison. En été, par exemple, pour un fromage mûr, vingt-deux ou vingt-quatre jours suffisent; en hiver, au contraire, il en faut cinquante; ce sont la température atmosphérique et le degré de santé ou de maturité du fromage qui fixent les règles à cet égard. Les fromages *froids*, c'est-à-dire, ceux dont on n'a pas assez chauffé la pâte, doivent être soumis à la salaison pendant un tems bien plus long, afin de suppléer à l'épaississement que le feu n'a pu produire.

La salaison terminée, on nettoie aussitôt les impuretés que le sel a laissées sur les fromages, et on enlève la partie du fromage (s'il y en a) qui pourrait nuire à la conservation du reste. Cela fait, on range les fromages suivant leur ordre d'ancienneté de fabrication. S'ils avaient une mauvaise couleur, et si la pâte était molle, on devrait les soumettre de nouveau à la salaison : c'est une preuve qu'ils ne sont pas encore assez imprégnés de sel. Pour pouvoir les saler de nouveau, on les replace dans leurs toiles; on les trempe dans du petit-lait à 70° R. où on les laisse 3 ou 4 minutes, puis on les en retire, et on les frotte avec une petite brosse pour enlever les matières grasses; on les met aussitôt dans la caserette que l'on serre fortement, et au bout de quelques heures, on recommence l'opération de la salaison, qui se continue ainsi pendant 4, 6 ou 8 jours, selon que le fromager le juge à propos.

Dans quelques contrées de l'Angleterre, pour empêcher le gonflement du fromage, les fromagers se servent d'une poudre connue sous le nom de poudre à fromage : elle se compose d'un demi-kilogramme de nitre en poudre, et de 31 grammes de bol d'Arménie aussi en poudre, et le tout bien mêlé. Avant de *soleggiare* le fromage et au moment de le mettre sous la presse, ils le frottent avec 31 grammes de cette poudre; une plus forte dose lui serait préjudiciable.

ARTICLE SEPTIÈME.

De la maturité du fromage, et des moyens de le conserver dans les magasins des négocians.

Beaucoup d'espèces de fromages étant destinées à de très longs voyages, et devant supporter les rayons brûlans du soleil d'Ethiopie, aussi bien que le froid rigoureux de la Sibérie, il est utile de faire connaître l'importance de la maturité et de la conservation du fromage.

Les soins nécessaires pour la maturité du fromage, consistent à le retourner et à le graisser par intervalles déterminés. La pâte du fromage qui a bien réussi dès l'origine, et ensuite dans la fabrication, porte en elle les qualités qui assurent sa conservation.

La conservation du fromage, dans le premier âge, exige beaucoup de soins, et plus encore quand il se déclare quelque maladie, ou qu'on en découvre les indices. La maturité du fromage se divise en deux périodes. La première est celle qui a lieu aussitôt après la salaison, lorsque le fromage est encore soumis aux soins du fromager. Celui-ci connaît les particularités de chaque forme qu'il a fabriquée; il sait lui donner les soins particuliers qu'elle réclame, et il cherche à faire disparaître, à diminuer ou à cacher les défauts qui lui ôteraient une partie de sa valeur commerciale.

La seconde période de la maturité a lieu lorsque le fromage est devenu la propriété des commerçans. Ces derniers s'étudient à en découvrir les défauts, pour deviner les maladies auxquelles il peut être sujet, afin d'y porter remède, ou bien pour le vendre aux détaillans comme fromage de rebut.

La maturité du fromage exige quatre années solaires. Cependant ce tems varie, car les fromages plus volumineux, et ceux qui ont été cuits à une basse température, emploient un plus long espace de tems. Cette période écoulée avec succès, les qualités du fromage se maintiennent presque stationnaires pendant deux ou trois ans encore. C'est alors l'époque où il est le plus sain, et où on peut le transporter dans tous les climats de l'univers, sans qu'il en souffre. Si on le conserve plus long-tems, sa pâte se dessèche, il perd ses qualités aromatiques, et devient enfin dur et d'une saveur âcre.

Passons maintenant à des considérations plus détaillées sur la conservation du fromage ; pour plus de clarté, nous diviserons cet article en deux parties : la première traitera de la manière de construire le local et de sa position horizontale ; la seconde des soins qui sont nécessaires pour conserver et perfectionner le fromage.

Les fromages de *grana*, après qu'ils ont été fabriqués dans les fromageries de la campagne, sont transportés dans les magasins des divers négocians, qui les recueillent pour les faire mûrir, afin qu'en vieillissant, ils acquièrent toute leur perfection ; mais toutes les localités ne sont pas bonnes pour y élever un magasin propre à la conservation des fromages. Si un magasin, dit vulgairement *casière*, est construit dans un lieu trop humide, il se développe des vers dans les fromages *maggenghi*, et l'humidité qui les pénètre, les maintient toujours mous; ils se purgent mal et demandent plus de tems pour vieillir.

Au contraire, s'il est placé dans une position trop chaude et exposé au midi, les fromages transpirent trop en été, et la chaleur qui s'y concentre, produit un mouvement intérieur qui les gâte.

Il ne faut donc pas arrêter un logement à la légère, comme le font beaucoup de négocians; il faut, au contraire, réfléchir mûrement, car de la bonne position du magasin dépend la conservation ou le dépérissement des fromages.

Le magasin doit être exposé au nord, dans une position commode, mais non humide, parce que le fromage attire l'humidité de l'air, et que celle-ci le fait plus ou moins fermenter; ce sont surtout les fromages *maggenghi*, qui durcissent et vieillissent plus difficilement.

Les fenêtres doivent donc être les unes en face

des autres, en ligne droite et non oblique, et afin que l'air y ait un libre accès; elles devront être aussi grandes que possible.

La hauteur du magasin ne doit pas excéder sept brasses et demie de la terre au plancher, et il ne doit y avoir que 15 ou 16 planches; une plus grande hauteur, outre qu'elle serait dangereuse pour les ouvriers qui travaillent dans la partie supérieure, exposerait les fromages placés sur les dernières planches, à transpirer forcément dans les grandes chaleurs, et à se dessécher et maigrir. L'expérience a démontrê qu'une chaleur excessive fait autant de mal aux fromages qu'une trop grande humidité.

L'entrée du magasin doit correspondre directement à la fenêtre du fond, pour donner de l'air dans les soirées chaudes. S'il y avait deux entrées, on contribuerait beaucoup à rafraîchir la chambre, en les plaçant en face l'une de l'autre.

Dans les magasins où le plafond est en bois, on aura soin de ménager de la fraîcheur dans les journées chaudes.

Il serait bon qu'il y eût trois marches pour descendre au magasin : cet abaissement au-dessous du niveau du sol, procure de la fraîcheur pendant les grandes chaleurs de l'été, et fournit une température tiède pendant le fort de l'hiver.

Lorsque le fromage aura acquis toute sa maturité, on pourra le tenir dans une bonne cave. Il est nécessaire d'observer cependant qu'une cave qui ne conserve pas bien le vin, est préjudiciable au fromage; celle où le vin se garde pendant long-tems est parfaite pour la conservation du fromage.

Les tables ou planches sur lesquelles on pose les fromages, ne doivent pas être en bois blanc, mais en bois dur; ce dernier, par sa nature, se conserve plus long-tems, ne se courbe pas si facilement, et est moins sujet à la vermoulure.

L'espace entre chaque planche doit être de 148 millim., et plutôt plus considérable que moins, afin que l'air puisse circuler et traverser les rangées des fromages, et que l'ouvrier qui doit chaque jour les travailler, puisse les ôter et les remettre sans peine à leur place.

Enfin, le magasin à fromages doit être dallé en pierres dures, ce qui vaut mieux que des carreaux; car ceux-ci se cassent avec le tems, et les souris et les fourmis s'y logent plus facilement. Le dallage en pierre résiste beaucoup plus, et il est plus facile de le débarrasser de la poussière et des petits animaux dont nous avons parlé.

Le magasin ainsi établi, il est bon d'observer que les fromages *maggenghi* aiment à être placés au midi dans l'hiver, et au nord dans l'été. Les fromages *terzuoli* (tiercelets) peuvent séjourner à toute exposition, car leur maigreur ne les rend pas sujets à tant de crises que les *maggenghi*; cependant, s'ils sont doux, ils tendent de leur nature à enfler; dans ce cas, il faudra les placer dans l'endroit le plus frais du magasin.

Passons aux soins qu'on doit donner aux fromages.

On emploie différentes méthodes pour soigner

les fromages dans les magasins des négocians; toutes ne conviennent pas. Les soins apportés dans les magasins de Codogno, premier marché du territoire de Lodi, sont peut-être les mieux entendus de tous ceux que l'on pratique dans les marchés de Lodi, de Corsico, dans les environs de Milan, Pavie, et autres endroits; mais on doit avouer que les soins qu'on observe à Cordogno, manquent de certaines qualités nécessaires pour prévenir et corriger quelques défauts dans les fromages.

Les défauts des fromages sont de plusieurs sortes, comme nous le verrons dans l'article suivant. Quelques-uns proviennent des principes constitutifs des fromages, d'autres de la main même du fromager, d'autres enfin naissent de son peu de soin.

Pour corriger les premiers, le fromager doit avoir assez de sagacité pour en découvrir l'origine; il doit, à cet égard, imiter le médecin qui, avant de prescrire des remèdes au malade, cherche à découvrir et à reconnaître la nature du mal, et les symptômes qui l'accompagnent.

Pour éviter les défauts du troisième ordre, il suffit des soins journaliers du gardien; ces soins consistent :

1° A tourner et retourner les fromages périodiquement.

2° A ne laisser aucune poussière sur la table, et détruire les souris et les insectes qui pourraient se trouver dans le magasin.

3° A oindre les fromages avec de l'huile de lin, quand il y a nécessité.

4° A fermer et ouvrir les fenêtres aux heures convenables, tant en hiver qu'en été.

Un bon fromager doit retourner les fromages de deux jours en deux jours, pour faire évaporer l'humidité, et afin qu'ils sèchent de tous côtés, et que leur croûte puisse durcir.

Lorsqu'on graisse le fromage, on a pour but de le maintenir mou, et d'empêcher qu'il ne se crevasse en séchant trop vite. Pour cela, l'huile de lin est préférable à l'huile de noix, comme étant moins mucilagineuse et ne communiquant pas une odeur aussi désagréable. Il est préférable de graisser le fromage avec 375 grammes d'huile et 125 grammes de beurre mêlés ensemble. Le moment où il est indispensable de graisser le fromage, est celui où la croûte devient trop dure; mais un bon ouvrier doit prévenir cette disposition fâcheuse.

La pratique nous a appris que le fromage a surtout besoin d'être retourné, 1° à l'époque où le pêcher fleurit; 2° dans le mois de mai, lorsque la température s'élève. Dans la première époque, on met en mouvement les principes constituans du fromage, rendus presque stationnaires pendant la basse température de l'hiver, et par là devenus âcres et nuisibles; cette acidité prend un développement considérable à la moindre fermentation. En retournant le fromage, on obtient à sa circonférence une prompte évaporation de ses principes fermentescibles; en le graissant, on adoucit les sels acides laissés sur la croûte par les humeurs évaporées. A cette époque, il faut gratter la superficie du fromage, avant de le graisser et de le retourner; cette opération a pour but d'ôter l'âcreté, et de prévenir la production des maladies cutanées dans le fromage, qui contiennent le germe d'une très prompte décomposition.

C'est dans le mois de mai qu'il est le plus nécessaire de battre, retourner et surveiller le fromage, parce que la chaleur qui augmente dans cette saison, développe toutes les maladies intérieures.

Si, pour corriger les défauts d'un fromage, on était obligé d'en perdre une grande partie, il vaudrait mieux les garder tels quels, et les débiter au plus tôt. Plus le fromage est vieux, moins il est sujet aux maladies qui proviennent de la mauvaise qualité du lait, ou de l'excès ou du défaut de présure; il suffit de le visiter, de le graisser et de le retourner, tous les sept ou huit jours.

Les fromages les plus susceptibles de se gâter,

sont les *maggenghi*, (c'est-à-dire ceux fabriqués depuis le mois de mai jusqu'à l'automne). Il faut donc leur donner les plus grands soins pour les mener à bon terme. Les fromages *hivernais*, c'est-à-dire ceux qui sont fabriqués pendant l'hiver, de l'automne au printems, ne demandent pas autant de soins que les premiers, parce qu'ils sont moins défectueux dans leurs principes constitutifs.

Toutes les fois que le fromager retourne les fromages, il doit les battre avec un marteau, afin de reconnaître s'il y en a de gâtés, et les mettre de côté. Quelques fromages maggenghi, à l'approche du printems, se couvrent de pustules; d'autres fois une certaine quantité de lait gâté se porte à la surface du fromage. Pour obvier à ces défauts, on enlève le dessus avec une lame de fer dite *raschia*, et on approche de la nouvelle surface un fourneau contenant du charbon allumé, afin de fondre la pâte; dès qu'elle est fondue, on bat le fromage sur tous les côtés, avec un outil nommé *segnarola*; la cure est alors radicale.

Les fromagers bouchent les trous qu'ils découvrent dans le fromage, avec de la pâte qu'ils fondent au feu; mais c'est une faute, car la pâte qu'ils emploient étant différente, il est impossible qu'elle puisse se lier après coup à celle du fromage; elle se gâte dans l'été, ce qui augmente le mal au lieu de le diminuer.

Les crevasses à la superficie du fromage proviennent du trop de cuisson, ce qui sèche les humeurs butireuses qui contribuent à maintenir la pâte molle; quelquefois les crevasses sont le résultat de coups de vent du nord trop violens, dont on n'a pas su préserver le magasin. Les fromages ainsi attaqués, doivent être mis de côté et visités avec soin.

Quand le surveillant s'aperçoit qu'un fromage tend à se crevasser, il doit le placer dans un lieu frais, et le graisser avec de l'huile de lin mêlée avec du beurre, pour amollir sa croûte le plus possible, et par là éviter les crevasses. Si cependant celles-ci se déclarent malgré les précautions indiquées, on peut essayer de les faire disparaître, au moyen de la *râcle*, en refaisant la croûte.

Il est des fromages qui, dans l'été, transpirent trop, et qui mouillent par fois les planches sur lesquelles ils sont placés. Ce défaut provient de laits trop humides et séreux de leur nature, et quelquefois aussi de l'ignorance du fabricant, qui n'a pas su purger convenablement au moment de la fabrication. Lorsque le surveillant s'aperçoit que ces sortes de fromages commencent à transpirer, il doit les placer à l'écart, afin que l'écoulement ne gêne pas les autres fromages ; il faut les laisser se purger d'eux-mêmes ; on peut aussi les piquer, afin qu'ils se purgent plus promptement ; mais on se gardera bien de les graisser : cette opération serait très nuisible.

Quant aux fromages qui sont mûrs, il n'y a point de remède, car leurs défauts proviennent d'un amas de mauvais lait, ou de la dose trop faible de présure employée lors de leur fabrication. On reconnaît ce défaut aux sons sourds que rendent les fromages lorsqu'on les frappe avec un marteau. Les fromagers habiles s'en aperçoivent aussi à la couleur cendrée des fromages. Comme ce défaut originaire se conserve et empire en vieillissant, il est inutile de les laisser mûrir, ni de les conserver au moyen de l'huile : ce serait une dépense inutile ; il vaut mieux les vendre comme rebut.

Beaucoup d'insectes et de larves vivent aux dépens du fromage, et en accélèrent outre mesure la décomposition, ou en diminuent la quantité ; parmi ceux-ci, nous citerons le ciron ou ver du fromage (*acarus ciro*), très petit insecte qui dévaste les fromages secs, et les larves des mouches communes et dorées, et surtout la mouche stercorale, qui abonde dans les fromages mous.

La présence de ces insectes tient à deux causes : à la fabrication d'abord, le fromage n'ayant pas été bien purgé du petit-lait, ou bien ayant été fabriqué avec du mauvais lait ; ensuite à la malpropreté de la fromagerie. Les fromages gâtés par les insectes, laissent suinter çà et là, au printems, de mauvaises humeurs, desquelles s'échappent de petits vers qui les rongent. Ces fromages doivent être nettoyés jusqu'à ce que l'on arrive à la pâte saine, afin que cette espèce de gangrène ne fasse pas de progrès; on les met dans un lieu sec, afin que les trous mouillés d'huile sèchent et forment leur croûte. On se préserve des souris, en garnissant les fentes de grillages en fer.

Pour se débarrasser des vers, il faut plonger le fromage dans du vinaigre, ou l'exposer renfermé dans un vase, à la vapeur du soufre, ou encore frotter le fromage avec de la saumure, et le laisser bien sécher, et puis le frotter encore avec un chiffon imprégné d'huile.

Une difficulté plus grande, c'est de guérir un fromage hivernais dit tiercelet; car, dès que la saison chaude arrive, il se gonfle démesurément et finit par se crevasser entièrement; on n'a pu trouver un remède convenable pour prévenir ce désordre. Le remède le plus simple que l'on connaisse, consiste à tenir le fromage au frais; on a aussi proposé de l'oindre avec de l'acétate de potasse, substance qui ne nuit pas au fromage, et qui met obstacle à l'effervescence.

Pour tenir le fromage mou et le défendre des vers, il faut le huiler au moins une fois par mois, et même plus souvent s'il s'agit de fromages secs et maigres.

Les fromages ne sont pas exempts de falsification et de fraude. Lorsque les fabricans s'aperçoivent qu'un fromage est manqué, ils le percent des deux côtés avec un outil appelé aiguille, et font sortir le petit-lait qui y est emprisonné ; après quoi ils refont le dessus au feu, en bouchant les trous avec de la pâte provenant d'autres fromages.

Enfin, un fromager soigneux doit ouvrir et fermer son magasin aux momens les plus opportuns. En été, il devra le fermer de neuf à dix heures du matin, et le soir il l'ouvrira à une heure de la nuit. En hiver, il vaut toujours mieux le tenir fermé les jours de gelée et de grand vent, afin de conserver dans le magasin cette température tiède qui est surtout nécessaire aux fromages maigres et à ceux dont les croûtes ont été refaites, et qui sont plus sensibles que les autres.

ARTICLE HUITIÈME.

Des maladies du fromage.

Nous avons déjà touché un mot des maladies du fromage dans l'article précédent ; nous compléterons ce qui nous reste à dire sur ce sujet, par quelques détails empruntés à *Louis Cattaneo.*

Agucchiatura (action de percer avec une aiguille). — On perce le fromage pour faire sortir le gaz qui s'est développé, et dont la présence occasione de petites vessies dans le fromage, et par suite, produit son enflure. Cette opération s'exécute, en faisant entrer l'aiguille dans le vide qui se trouve dans le fromage, et en la retirant aussitôt pour donner passage au fluide qui doit en sortir.

Bruciatizzo o imbrascatura. — Caractère qu'affectent les plus petits grumeaux lorsqu'on a purgé le fromage avec trop de feu, ou qu'on l'y a laissé trop long-tems exposé, sans passer à la cuisson de la grana.

Chiarezza (fromage clair). — En le battant avec un petit marteau, on trouve que quelques-unes de ses parties oscillent : cela dépend du manque de présure et du peu de cuisson. On doit huiler fort peu de tels fromages.

Crepatura (crevasses). — Ce sont des fentes qui se déclarent autour de la circonférence du fromage, et qui sont plus ou moins profondes. On les guérit en y appliquant un tampon.

Dolcezza (fromages doux). — On les reconnaît en les frappant avec un marteau. Ils se gonflent lorsqu'on les soumet à la salaison, et ils tendent toujours à s'enfler pendant la maturité.

Enfiatura. — Ce sont des fromages qui augmentent de volume, tantôt partiellement, mais presque toujours en totalité : leurs surfaces planes deviennent alors convexes. Cette maladie est incurable; les fromages qui en sont atteints, doivent être tenus à une basse température.

Fromages fétides. — On les reconnaît, avant de les couper, à l'odeur de l'aiguille dont on se sert pour les percer. Cette maladie incurable provient du lait trop mûr et trop gras.

Incoppatura — On appelle ainsi les fromages qui ont leurs bases concaves; ce qui provient de l'excès ou du défaut de présure, ou bien d'une cuisson insuffisante. Cependant, comme la matière est fort saine, ils deviennent excellens avec le tems, mais ils gardent toujours la forme concave.

Lisa (fromage maigre et usé). — On le reconnaît au son sourd qu'il rend, et à son peu de poids comparativement à son volume; cette maladie dépend de la mauvaise nourriture du troupeau, du lait trop écrêmé ou de la trop grande maturité de la présure. Le seul remède consiste à tenir le fromage dans un lieu frais, et à le couper lorsqu'on s'aperçoit qu'il ne cesse pas de diminuer.

Maturanza (fromage mûr). — La maturité du

fromage: c'est la condition dans laquelle se trouve la pâte quand elle a perdu son état de cohésion ; cet état ressemble à celui de la nèfle arrivée à point pour être mangée. On reconnaît le fromage mûr à sa pâte dure et au goût âcre et amer de sa croûte, parsemée de taches de couleur cendrée foncée. Les fromages fabriqués en été sont bien plus sujets à cette maladie, que ceux fabriqués aux autres époques de l'année. On remédie à cette maladie en gardant les fromages dans un lieu frais et sec.

Rasitura (fromage crevassé et moisi). — On le reconnaît aux petites crevasses qui se trouvent sur la croûte du fromage, et dans lesquelles se développe une moisissure verte. Ces crevasses laissent échapper une légère humeur visqueuse, âcre, qui ronge la matière. On guérit cette maladie en grattant le fromage jusqu'à la pâte; au bout de quelques jours on refait la croûte et l'on huile bien.

Scirolo ou *scirro* (squirre). — Le fromage attaqué de cette maladie est incurable; il est d'une couleur vert-passé.

Sfoglia. — Fente intérieure que l'on reconnaît au son que rend le fromage quand on le frappe avec un marteau. On y remédie en pratiquant un trou dans le fromage, et en le frottant tous les 3 ou 4 jours avec de l'huile.

Sudore (fromages qui suent et qui égouttent). —Cette maladie provient du lait fatigué qui n'a pas été assez chauffé pour la coagulation, et auquel on a donné, en le caséifiant, plus de présure qu'il ne devait en supporter.

Tacconi (morceaux ajoutés ou trous bouchés). — Ce sont des trous faits par le fromager pour cacher quelque défaut au moyen de la pâte dont on se sert pour les boucher : cette opération n'est profitable qu'au fabricant, qui tâche ainsi de vendre ses fromages comme s'ils étaient parfaits.

Tarlo (ciron). Ce petit animal se développe sur la croûte du fromage; il le ronge et le réduit en poudre. On prévient ses dégâts en huilant soigneusement le fromage.

Tigna (teigne). — C'est une maladie cutanée qui se déclare dans le fromage à une époque avancée de la maturité. On l'appelle ainsi parce qu'il se forme une croûte qui ressemble à la teigne animale. *Louis Cattaneo* croit que cette maladie provient d'un vice radical dans le lait. On la guérit en coupant une partie de la croûte jusqu'à ce que la purge doit terminée.

Topone, talpone (bubon). — On appelle ainsi un bubon qui croît sur un des côtés du fromage, tandis qu'il est à égoutter après avoir été retiré de la chaudière.

Vajolo o varola. — C'est une plaie noirâtre, gangréneuse, qui se déclare dans un endroit quelconque de la croûte du fromage. Quand la gangrène a commencé à faire du ravage, il faut enlever toute la partie malade jusqu'au vif de la pâte, autrement une grande partie du fromage serait perdue. Dès que l'endroit attaqué est bien nettoyé, on le cautérise et on le huile avec soin.

Pendant la maturité, il se forme à la circonférence du fromage, une double croûte que les fromagers appellent *vestito* (habit). On laisse cette double croûte sur les côtés, mais on l'enlève sur les deux faces, et cela une fois par mois. La matière enlevée, qui se nomme râclure, est une substance d'un goût amer et piquant.

Les fromagers ont l'habitude de râtisser les fromages, chaque jour qu'ils les retournent, et seulement du côté qu'ils huilent, jusqu'à ce que les fromages aient atteint l'âge de 18 mois.

Autrefois les fabricans avaient coutume de colorer les côtés du fromage avec une poudre rougeâtre d'Allemagne, mêlée avec de l'huile.

Mais, dès que le fromage passait entre les mains des négocians qui font mûrir les fromages, ceux-ci leur enlevaient la couleur rougeâtre, pour y substituer une autre couleur composée de noir de fumée et d'huile.

La couleur rougeâtre n'est plus usitée aujourd'hui, mais les commerçans continuent toujours de donner la couleur noire au fromage; à l'aide de cet artifice il semble que le fromage ait séjourné plus long-tems au magasin, par conséquent l'acheteur le croit d'une maturité plus complète qu'il ne l'est réellement.

ARTICLE NEUVIÈME.

Manière de connaître les différences que présente le fromage.

L'année de fabrication se partage en deux périodes. La première s'appelle *maggenga* (de mai). Dans la province de Lodi on commence à fabriquer à partir du 24 avril jusqu'au 30 septembre, et l'on compte sur 160 fromages pendant cette campagne; en effet, dans cette saison, le lait est plus abondant, et l'élévation de la température exige qu'il soit travaillé tous les jours. Dans le Milanais et à Pavie, on commence à le fabriquer le 1er mai, et l'on finit le 30 septembre; on compte sur 153 fromages. — La seconde période est dite *vernenga* (d'hiver) ; elle commence partout au 1er octobre, et se termine, dans la province de Lodi, le 23 avril; dans le Milanais et à Pavie elle finit le 30 du même mois. On ne compte que sur un nombre indéterminé de fromages pendant la campagne d'hiver, attendu que, dans cette saison, le lait est moins abondant.

De cette distinction entre la fabrication d'hiver et la fabrication du printems, il résulte que, dans le commerce, on compte les années du fromage à partir du commencement ou de la fin d'une époque de fabrication.

La fabrication de mai a plus de crédit dans le commerce : les fromages fabriqués à cette époque conservent, même coupés, leur couleur jaunâtre.

La fabrication d'hiver prend deux dénominations, selon le genre de nourriture que reçoivent les troupeaux. On appelle fromage *quartirola* ceux qui se fabriquent à partir du premier octobre et dans l'automne; pendant ce tems, le troupeau se nourrit de fourrages verts; ces fromages sont les plus estimés, les plus délicats et les plus substantiels. On donne le nom spécial de fromage d'hiver à ceux qui proviennent du lait des troupeaux nourris avec du fourrage sec. Ceux-ci, quand ils sont coupés, perdent leur couleur jaune paille et deviennent verdâtres.

Ces deux sortes de fromages se vendent à deux époques de l'année, par les fabricans ou négocians qui se chargent de la maturité. La fabrication de mai se vend au mois d'août de la même année; celle d'hiver se vend communément au mois de février.

La bonté d'une fabrication se reconnaît en général, par l'état extérieur des fromages et par l'odeur qu'ils répandent. On la reconnaît plus particulièrement encore au son clair que rendent les fromages lorsqu'on les frappe avec un marteau.

Pour connaître si le fromage est assez fait, on en enlève un morceau avec une espèce de vrille.

Les fromages de pâte dure, c'est-à-dire ceux de la province de Lodi, ne sont réputés bons que lorsqu'ils rendent un son plein quand on les frappe avec un marteau. Si le son n'est pas satisfaisant, on range les fromages parmi ceux de rebut, et on les consomme dans le pays.

Mais il est difficile de juger, par le marteau, de la bonté des fromages; il semble qu'il serait plus simple de recourir à l'expérience du poids spécifique: ce procédé est à la portée de toutes les intelligences.

ARTICLE DIXIÈME.

Des Mangini ou associations pour la fabrication des fromages.

Les fermiers qui possèdent 10, 20 ou 30 vaches environ, et qui n'ont ni les bâtimens ni les ustensiles propres à la fabrication du fromage, portent leur lait chez les individus qui exploitent cette industrie. Ces derniers, par suite du grand nombre de vaches qu'ils possèdent, sont appellés *capi di casone* (chefs de grande maison); les autres portent le nom de *mangini.*

L'association s'établit en vertu de contrats de vente ou de société. Dans ceux de vente on donne au lait un prix déterminé par *brenta;* ce prix est réglé sur la valeur du fromage, du beurre, et d'après les circonstances particulières de la localité. Dans les contrats de société on a l'habitude de marquer la quantité de lait que les mangini apportent au chef de la grande maison, et que celui-ci emploie pour fabriquer les fromages qui deviennent sa propriété. Si le lait fourni par les mangini suffit pour faire un fromage, celui-ci leur appartient. Les frais de fabrication du fromage des mangini dépendent de conventions particulières.

Quelle que soit la convention établie, le lait du chef doit être en plus grande quantité que celui apporté par les mangini, afin que, dans le mélange, la santé du lait fourni par le chef puisse lier et dominer l'état de maturité éventuelle du lait des mangini. Cette considération est importante pour le succès de la fabrication.

Les villages d'une partie de la Suisse offrent un modèle d'association qu'on pourrait imiter avec beaucoup d'avantage. Les propriétaires de bétail mettent en commun le lait pour la fabrication du fromage et du beurre. Les associés nomment une commission qui veille à la fabrication dans un local spécial. Chaque associé y envoie soir et matin son lait, qu'on mesure et qu'on enregistre sur-le-champ. A la fin de la journée, le produit en fromage ou en beurre est remis à celui qui a fourni la plus grande quantité de lait, et on porte sur le compte de chacun le profit et la dépense. Chaque associé s'oblige à ne pas altérer son lait et à ne pas lui donner secrètement une autre destination, sous peine d'être exclu de la société. L'établissement se compose d'un local où l'on réunit le lait, d'une cuisine et d'un autre local où l'on fait le beurre : à l'aide d'un mécanisme très simple, un seul homme met à la fois en mouvement quatre frappe-beurre. Ces machines sont disposées verticalement comme des pilons; un cylindre horizontal les élève tour à tour au moyen d'un système de roues dentelées. Un instrument appellé lactomètre sert à essayer la qualité du lait. Ces établissemens sont tenus avec une grande propreté, et le service s'y fait avec promptitude et régularité.

Dans les localités où les propriétaires ne sont pas assez nombreux, on convient de porter le lait chez celui dont le bétail en produit la plus grande quantité; ce dernier tient note de la quantité de lait apportée.

Les grands avantages de ces associations consistent dans l'économie de la dépense et dans une fabrication meilleure. Observons que des associations semblables exigent de la part des paysans des vertus très développées, telles que la confiance, la loyauté et l'amour du bien-être commun. Dans les pays où sont établies des associations de ce genre, on remarque une amélioration dans le nombre et dans la qualité des vaches, et par suite l'agriculture y fait de sensibles progrès. Tous les colons d'un village sont animés du désir de surpasser leurs voisins dans la tenue du bétail, et d'obtenir des produits de meilleure qualité.

Ces sociétés ne sont pas difficiles à former; on en trouve un modèle parfait dans les fruitières du Jura.

DE LA FABRICATION DU FROMAGE GRAS,

DIT

STRACCHINO DE GORGONZOLA.

Gorgonzola est un bourg considérable, chef-lieu de district, situé à dix milles géographiques à l'est de Milan; dans les gras pâturages qui l'environnent, stationnent pendant l'automne tous les *bergamine* ou troupeaux qui descendent des montagnes de Bergame dans les plaines basses du Milanais, du Padouan et de Lodi, pour hiverner depuis le mois de septembre jusqu'à la fin de mai. Dans leur passage, tant à l'aller qu'au retour, ils laissent à Gorgonzola une quantité considérable de lait; les industrieux habitans de ce bourg l'achètent pour en fabriquer ce fromage gras si estimé, connu sous le nom de *stracchino*, et recherché même dans les contrées éloignées.

Le retour annuel d'une circonstance qui procurait presque subitement une immense quantité de lait, porta ces habitans à aviser au moyen d'en tirer le plus de profit; de là l'origine de ce fromage délicat. C'est peut-être en partie aux circonstances physiques et spéciales où se trouve le territoire de Gorgonzola, mais particulièrement, suivant moi, à l'existence de cette industrie dont la source remonte à un tems immémorial, puis aux procédés qu'on emploie, qu'il faut attribuer la perfection de ce produit, ainsi que le succès assuré de sa confection.

Tant que les fabricans de Gorgonzola possédèrent seuls le secret des principales circonstances qui concourent à rendre ce fromage excellent, ils en eurent le monopole presque exclusif. Mais aujourd'hui, le secret est divulgué; on fabrique le *stracchino* avec le même succès dans plusieurs autres localités de la Lombardie ; néanmoins, celui qui se confectionne aux environs de Gorgonzola conserve, dans le commerce, une valeur plus élevée ; aussi, voit-on tous les jours des fermiers de laiteries éloignées, transporter dans ce bourg le lait caillé recueilli même à 20 milles de distance, pour l'y convertir en *stracchino*.

Le lait qu'on fait servir à la fabrication de ce fromage, rend, comptant, un produit bien supérieur à celui que donne le lait employé de toute autre manière. En effet, chaque *brenta* fournit ordinairement quinze *libre grosse* [1] de stracchino, ou, en poids métrique, quinze kilogrammes de *stracchino* par chaque cent litres de lait. Les fabricans peuvent en retirer, en première vente, c'est-à-dire, cinquante jours seulement après la confection du fromage, 19 fr. par 100 litres de lait. Si l'on considère la denrée vendue au consommateur, déduction faite du déchet occasioné par la maturité, on peut en obtenir 28 fr. A cela, si l'on ajoute 1 fr.

[1] La libra grossa de Milan correspond à 763 grammes.

40 c. pour d'autres menus produits qu'on en retire, on peut évaluer à 29 fr. 40 c. le prix d'un hectolitre de lait. Que si l'on convertit la même quantité en fromage *granone*, porté au taux ordinaire, on n'aura plus, en dernière analyse, toutes chances favorables ou contraires compensées, qu'un produit de 18 fr. 50 c, savoir: 12 fr. 50 pour le fromage, 5 fr. pour le beurre et 1 fr. pour les menus produits; d'après cela, si l'on compare la valeur du lait travaillé en fromage, avec celle du lait converti en stracchino, la différence entre le bénéfice résultant des deux opérations s'établira à peu près dans les rapports de 15 à 29; et cependant, le fromage *granone* est encore le produit le plus avantageux qu'on puisse obtenir du lait. Outre cela, on doit considérer: 1° qu'on obtient un résidu de serum bien gras; 2° que les frais de fabrication sont bien moindres que pour le fromage *granone*; 3° que le produit arrive bien plus tôt à maturité, et partant, qu'il est plus tôt en état d'être vendu; 4° enfin, que les chances de non-réussite sont infiniment moindres.

La fabrication se fait en automne, c'est-à-dire, depuis le commencement de septembre jusqu'au premier novembre: ce n'est que dans cette saison qu'elle réussit parfaitement. Le *stracchino* fabriqué dans les journées chaudes et de sirocco (*giorni scirocalli*) qui arrivent parfois en septembre, devient mou, en d'autres termes, il tend dès sa formation, à se décomposer plus rapidement, et cela parce que le lait, à son origine, étant moins vivace (*vivace*), le caillé devient rude (*crojo*), la pâte en est dure et présente souvent un goût d'amertume. Il vient à maturité en novembre ou peu après; on le reconnaît au ramollissement de la pâte, qui se gâte en plusieurs endroits, à la surface de la forme. A l'aide d'un poêle on peut continuer la fabrication pendant une bonne partie du mois de novembre, pourvu que les vaches soient nourries avec du fourrage vert et de bonne qualité. Le stracchino réussit mieux et acquiert plus de prix lorsque le ciel est serein, sans cependant qu'il fasse trop froid.

Il faut travailler le lait aussitôt après l'avoir trait,

et tandis que les ingrédiens solides qui le composent, sont encore en fusion émulsive avec la partie liquide. On le verse du récipient où il a été recueilli dans un autre récipient en bois ou en cuivre, assez grand pour contenir tout le lait qu'on veut travailler, afin de faire cailler le tout ensemble; on le passe à travers un linge pour le purger de toute souillure. Ces opérations préliminaires achevées, on met aussitôt la présure dans le lait, et l'on profite de la chaleur naturelle de ce dernier pour le faire cailler avec plus de succès. Pendant tout le tems que le lait met à se cailler, on doit avoir soin de tenir le local où il est renfermé à une température de 15 à 19° centigrades.

La présure de veau doit, seule, être employée ; on s'en sert sous la forme de pain. Cette présure est faite avec l'estomac du veau qui tette encore ; tel qu'on l'extrait de l'animal fraîchement tué ; on y laisse la matière caséeuse qui s'y trouve déposée; on le sale abondamment à l'intérieur, avec du sel marin en poudre ; ensuite on l'attache avec une ficelle, et on le pend dans un endroit où il puisse recevoir les rayons du soleil ou la chaleur de la cheminée, en l'y laissant au moins trois mois afin qu'il vieillise: plus il est mûr, meilleur il est.

On apprête la présure en coupant en petites tranches la membrane qui contient la matière caillée; on pile ensuite séparément l'une et l'autre dans un mortier, en les humectant avec du lait frais, puis on en forme une seule masse que l'on sale de nouveau, et qu'on manipule jusqu'à ce que le composé soit devenu visqueux; on laisse la présure se faire pendant quelques mois avant de s'en servir. Elle se conserve long-tems dans un lieu tiède et sec, lorsqu'on a soin de la tenir fortement pressée dans un baquet au fond duquel se trouve une ouverture par où puisse s'écouler l'humidité qui serait restée.

Il est complètement impossible d'indiquer la quantité de présure nécessaire pour cailler comme il faut une mesure donnée de lait, parce que l'on ne peut déterminer la force de la présure; cet empêchement provient aussi de la qualité du lait qui, suivant la différence des localités, des saisons et des circonstances atmosphériques, exige plus ou moins de présure pour donner les mêmes résultats. Cependant la quantité de présure doit être assez forte pour faire cailler le lait dans l'espace de 15 à 18 minutes; la pratique apprend à connaître la dose de présure qu'il faut employer. Lorsque la température de la saison est très élevée, il est essentiel que le lait caille trois ou quatre minutes plus tôt, afin que le stracchino n'arrive pas à cet état que les praticiens appellent mûr.

Pour se servir de la présure, on l'enveloppe dans un linge; d'une main on la trempe dans le lait, tandis que, de l'autre, on la presse dans tous les sens, jusqu'à ce qu'il ne reste dans le linge que la membrane exprimée; on doit s'attacher à la bien comprimer et à la vider complètement, car le principe coagulant est tout entier renfermé dans l'humeur de ses glandules.

Pendant que l'ouvrier (*il casaro*) accomplit

cette opération, un aide remue le lait avec la palette (rotella) afin que la présure soit bien répartie, et que la masse du liquide se caille uniformément. On couvre ensuite le récipient d'un linge, et l'on visite souvent le lait, en ayant soin d'examiner attentivement ce qui se passe à la surface. Dès qu'on s'aperçoit que le liquide a pris de la consistance, on fend et l'on renverse adroitement avec la *pannaruola* [1] le caillé, qui doit être partagé en tranches grandes comme deux fois la paume de la main. On laisse reposer ainsi la masse jusqu'à ce que l'on voie le sérum s'échapper par les fentes qui sont restées entre l'une et l'autre tranche du caillé renversé; la quantité de sérum écoulé doit correspondre à une raie de la longueur du petit doigt. Ce résultat obtenu, on rompt le caillé avec la *pannaruola*, en le réduisant en morceaux grands comme la paume de la main, puis on le laisse en repos; ces diverses opérations doivent s'effectuer

[1] Espèce d'écuelle en bois.

avec précaution, afin que la crême ne soit pas entraînée avec le sérum qui s'écoule encore.

La rupture du caillé terminée, le sérum se sépare abondamment, et, en vertu d'une loi de l'hydrostatique, il se porte à la surface, tandis que le caillé, abandonnant la partie liquide, se contracte et tombe au fond. C'est pour cela qu'il est nécessaire que l'ouvrier sonde souvent la masse avec la main, pour connaître sa progression ; lorsqu'il trouve que le caillé a baissé du tiers environ de la profondeur de la masse totale, et d'un quart à peu près si la température de la saison est plus chaude, il doit l'enlever du récipient à l'aide de la *pannaruola*, mais avec précaution et sans l'agiter trop fortement, afin que la crême ne se mêle pas de nouveau avec le sérum : il le placera ensuite sur des linges (patte) dont chacun contiendra autant de caillé que peut en produire un *stajo* de lait (25 litres). Le caillé, une fois placé sur des linges, on lie ceux-ci par les quatre coins et on les suspend pour les faire égoutter.

Si l'on travaille le lait dès qu'il est trait, il est nécessaire de le faire cailler deux fois par jour, puisque l'on trait également deux fois. Le lait trait le soir, caillé et placé dans les linges pour égoutter, doit y rester jusqu'à ce que le lait trait le matin soit aussi caillé, et qu'il ait égoutté pendant cinq heures environ. On réunit ensuite les deux caillés dans les formes, de la manière que nous indiquerons plus loin. Voici comment on prépare le caillé.

On donne au *stracchino* de Gorgonzola la forme d'une colonne tronquée ; lorsqu'il a passé quelque tems dans cet état, sa hauteur égale à peu près la dimension de son diamètre. La pâte, quand on la dépose dans la forme (fasciera), est encore humide et tendre; mais une fois séchée, salée et faite, elle perd beaucoup de son volume: aussi doit-on monter la pâte à une hauteur presque double de celle que doit avoir le stracchino complètement fait. Ceci se pratique en superposant une seconde forme sur la première déjà pleine; cette dernière s'enlève lorsque le tout a diminué de volume et pris de la consistance.

La forme est composée d'un petit cercle en bois blanc, qu'on resserre au moyen d'une ficelle ; sa hauteur doit être de 27 à 30 centimètres ; son diamètre égale à peu près la même mesure. Pour faire usage de la forme, on recouvre la partie interne avec le linge qui sert à envelopper le stracchino ; les extrémités de ce linge doivent être renversées en dehors de la forme, afin que le caillé, une fois placé dans celle-ci, puisse être entièrement recouvert par les extrémités mêmes du linge dans lequel il est renfermé. Quand le lait caillé du matin a égoutté pendant cinq minutes environ, on le mêle avec celui du soir, et on en fait le stracchino de la manière suivante. On coupe les deux caillés, avec une grande cuiller ou avec un fil, en tranches de 13 millimètres d'épaisseur, et on les dispose dans la forme par couches alternatives, de manière que les tranches du caillé du matin constituent la première et la dernière couche de la masse totale, et cela, afin qu'elles se lient mieux et qu'elles communiquent cette qualité au caillé du soir, qui, à force d'égoutter, est devenu assez dur et ne pourrait adhérer convenablement s'il restait isolé. Les différentes couches du caillé du soir devront donc reposer sur les couches du caillé du matin, et ainsi de suite les unes sur les autres, jusqu'à ce que les deux caillés soient complètement mélangés: ce mélange est indispensable; sans lui, la pâte n'aurait pas les qualités qui distinguent le véritable *stracchino* de Gorgonzola. L'opinion commune a donné du prix à une imperfection du stracchino que les fabricans, pour satisfaire au goût des consommateurs, s'attachent maintenant à obtenir ainsi que je vais le rapporter. Cette imperfection du fromage est une moisissure d'un vert foncé, qui se produit dans l'intérieur de la forme, et à laquelle on donne le nom de persil (arborine), par suite de la ressemblance qu'elle présente avec cette herbe. Elle se développe dans les interstices qui restent entre les différentes tranches du caillé; lorsque les fabricans craignent que la pâte trop compacte du stracchino n'empêche le développement de cette végétation, ils percent la masse encore fraîche avec une spatule, et remplacent, par ce procédé artificiel, les vides qui n'existaient pas lors de la confection du fromage. C'est ainsi qu'une maladie du fromage est devenue une de ses qualités remarquables, par suite du goût du peuple.

Les deux caillés étant mêlés de la manière ci-dessus exposée, et partant le stracchino se trouvant formé, on le recouvre avec les extrémités du linge qu'on ramène à sa surface; on le place sur une planche et on le retourne toutes les deux ou trois heures, pendant 12 ou 24 heures, afin que toutes ses faces puissent s'égoutter promptement. Ce laps de tems écoulé, on ôte le linge qui enveloppe le stracchino, et on replace celui-ci à nu dans la forme, en ayant soin de s'y prendre avec adresse, de peur de le gâter ou de le rompre. Arrivé à ce point, on place le stracchino sur une planche recouverte d'un lit de paille et on le retourne ensuite toutes les douze heures jusqu'au moment de le saler. On doit prendre de la paille de froment ou de seigle non-brisée : cette dernière, comme plus longue et plus maigre, vaut mieux. Pour plus de propreté, on change la paille tous les quatre jours ; celle qu'on enlève doit être lavée et séchée ; on la lie ensuite en petites bottes qu'on peut faire servir encore deux fois au même usage. Pour que le stracchino soit plus sain et mieux fait, il faut le laisser sur la paille pendant au moins trois mois.

Tant qu'il égoutte et à l'époque de la salaison, le stracchino doit être déposé dans un local dont la température soit maintenue entre 25 et 19° centigrades ; s'il en était autrement, sa fabrication serait compromise, parce qu'il ne pourrait se purger promptement ainsi que cela est nécessaire ; il courrait en outre, le risque de devenir acide ou de contracter tout autre mauvais goût.

Mais c'est surtout lorsque la température s'abaisse, qu'il importe d'observer cette condition essentielle; en effet, sous l'influence du froid, la pâte du stracchino ne se purge pas; elle reste inerte, se crevasse et se gâte lorsque les premières chaleurs du printems se font sentir. S'il était impossible de donner naturellement cette température à la chambre, il faudrait y suppléer à l'aide d'un poêle. On pourrait ainsi continuer la fabrication plus avant que de coutume dans la saison.

Le poêle peut être de forme commune, mais l'ouverture qui sert à le chauffer doit être en dehors de la chambre, afin que le fromage ne soit pas altéré par les gaz qui se dégagent par la combustion. (Voir mon mémoire sur la caséification, page 264, Milan, 1837.)

Le choix du moment pour la salaison est un point très important: sans cette condition, il est impossible de rendre le stracchino parfait. Si on le sale lorsqu'il contient encore quelque sérosité, il peut devenir acide ou amer, ou prendre tout autre goût désagréable; au contraire, si l'on tarde trop à le saler, quand il est suffisamment sec, sa pâte devient dure et friable et, par suite, incapable de subir, à sa maturité, cette fusion spéciale qui la rend grasse et savoureuse. Il est impossible d'indiquer par des mots l'aspect extérieur que présente le stracchino quand il est arrivé au point précis pour être salé; on ne peut acquérir cette connaissance qu'à l'aide d'un praticien habile qui en indique toutes les particularités. En général, on ne doit saler le stracchino que lorsque les surfaces du fromage sont couvertes de moisissures, et que les cryptogames qui ont paru les premiers, commencent à se flétrir.

On doit faire usage de sel réduit en poudre. On sale abondamment la face supérieure du stracchino; les deux premières doses de sel doivent être copieuses : ce sont elles qui déterminent la formation de la croûte du stracchino, bien que la pâte soit encore molle à l'intérieur, celle-ci n'ayant pas encore été pénétrée par le sel qui doit la durcir. Les doses suivantes devront être moins fortes, et la quantité du sel telle, que celui-ci puisse être entièrement absorbé dans l'intervalle de deux salaisons ; après quatre ou six jours de salaisons consécutives, on enlève la forme, néanmoins, si la température atmosphérique est basse, on attendra un peu plus long-tems. Chaque fois qu'on sale le stracchino, il est nécessaire de le retourner, après avoir légèrement frotté la partie supérieure avec la paume de la main; le sel fondu devra être étendu sur toute la circonférence de la forme, cela suffira pour saler le pourtour du stracchino et le préserver des vers.

Le nombre des salaisons doit être de dix, si la masse du stracchino est petite, et de douze, si elle est plus grande; on les répétera à 48 heures de distance : l'opération entière de la salaison dure environ 20 à 24 jours.

Les salaisons terminées, on doit encore retourner le stracchino toutes les 48 heures et même plus souvent si les occupations le permettent; dans ce cas, il est nécessaire de l'examiner avec soin, afin de voir si, sur ses faces, principalement sur celles qui avoisinent la circonférence, il n'y aurait pas quelques endroits qui cédassent trop facilement sous la pression du doigt: l'aspect de la croûte sert aussi d'indice pour découvrir si le fromage n'est pas atteint de quelque maladie cachée. Si l'on creuse alors la partie molle avec le doigt, on y trouvera souvent un amas de vers; il faut nettoyer avec soin la partie endommagée, et introduire dans le trou quelques pincées de sel qu'on y appliquera en le pressant avec le doigt: cette simple précaution suffit pour remédier au mal; ces *stracchini* fournissent ordinairement une pâte excellente. Il arrive également que, dans les tems de scirocco et de pluie, le stracchino prend l'humidité et produit une moississure noirâtre. Il n'y a autre chose à faire, dans ce cas, que de passer la paume de la main, comme nous l'avons dit, à deux ou trois reprises différentes, et d'abandonner le fromage à lui-même; au retour du beau tems il reprend son état primitif.

Pendant la saison d'hiver, on doit garder le stracchino dans un local tiède et sec, et, pendant l'été, dans un local frais et également sec.

Le stracchino, après la salaison et avant d'arriver à son point de maturité, prend d'abord une couleur obscure, lorsque les choses suivent leur cours régulier; puis il blanchit et se couvre à la fin de taches rougeâtres, regardées comme l'indice de ses excellentes qualités.

Le stracchino de Gorgonzola n'est pas soumis à la compression, ainsi que l'ont avancé plusieurs écrivains; cette condition est tout-à-fait contraire à sa nature. Dans les ouvrages étrangers qui traitent de la caséification, on assure que tous nos fromages stracchini, ou du moins le plus grand nombre, sont pressés, dans le but de les aider à se débarrasser plus promptement et d'une manière plus complète, du sérum contenu dans les parties solides, et cela, afin d'obtenir une qualité parfaite. C'est un sujet digne des recherches des personnes zélées qui s'intéressent à l'agriculture, que d'examiner pourquoi le caillé du lait produit en Italie se dégage de toute la partic séreuse par la seule force de sa condensation naturelle, tandis que dans les autres pays, le lait provenant même des animaux originaires d'Italie, doit être soumis à la compression. Cette particularité tiendrait-elle à la nature différente des terrains ou du climat ? faut-il peut-être l'attribuer aux diverses espèces de fromages qu'on a coutume de fabriquer en Italie, et, selon moi, au but unique qu'on se propose de donner à la pâte cette qualité grenue et ces yeux qui sont les caractères distinctifs d'une qualité spéciale, ou, enfin, doit-on simplement l'expliquer par l'autorité d'un usage consacré par le tems? Ces différens points n'ont jamais été discutés, que je sache, par aucun savant ; il n'en est pas fait non plus mention dans les ouvrages qui traitent de la fabrication des fromages dans les divers pays.

Le stracchino n'est délicat et savoureux que lorsque sa pâte est arrivée au point de maturité. Celle-ci se produit à l'époque de la fermentation naturelle des substances oléagineuse et albumineuse ;

le travail qui s'opère alors dans le fromage, ramollit ces deux principes, et les fond en un seul corps graisseux dont la présence, jusque là, était tout-à-fait invisible; quelque tems après, le fromage devient piquant au palais, et il passe, par degrés, à l'état de décomposition.

Le tems de la maturité du stracchino varie; celle-ci arrive plus tôt ou plus tard, selon que la pâte était plus saine ou plus mûre, selon la chaleur de la saison ou du local où l'on garde les formes, et selon d'autres circonstances dont nous allons bientôt parler. De même que, dans un panier de poires qui doivent mûrir pendant l'hiver, tous les fruits, bien que récoltés le même jour sur le même arbre, ne mûriront pas tous à la même époque, par suite des influences particulières qu'éprouve chacun d'eux; de même pour les *stracchini*, ceux qui ont été fabriqués dans les journées chaudes de septembre, mûrissent dans le mois de novembre suivant, et ainsi des autres, selon les diverses circonstances qui ont influé sur la pâte de chacun en particulier. C'est dans les mois d'avril et de mai de l'année suivante, que le plus grand nombre des *stracchini* arrive à maturité ; ce phénomène s'explique par l'élévation de la température atmosphérique. A cette époque, ceux qui se conservent le plus long-tems, mûrissent en juin et juillet; mais parmi ces derniers, quelques réfractaires, placés sous le coup de l'inertie naturelle de la pâte, subissent un degré de fermentation trop lent pour déterminer de bonne heure la fusion des deux substances, en d'autres termes, pour arriver au point de ramollissement qui constitue cet état normal désigné sous le nom de *maturité*, et forme le caractère distinctif de cette espèce de fromage. Ces stracchini qui ne se ramollissent pas, et qui mûrissent dans un espace de tems bien plus long que l'espace de tems ordinaire, se conservent bien encore pendant deux ans ; on les appelle alors *stracchini vecchi* (stracchini vieux) ; mais c'est à leur 15e mois qu'il est préférable de les manger. Leur pâte, à l'état de maturité, est plus consistante que celle des stracchini qui mûrissent dans la saison ordinaire : elle est très savoureuse, d'un goût piquant, et se prête fort bien à la dégustation du vin. Dans un tems donné, il se forme une carie sur la croûte de ces stracchini. Dès qu'on voit poindre cette maladie, il faut nettoyer et frotter circulairement les stracchini avec un linge ; ensuite on doit les oindre (ungere) pour arrêter les progrès de la carie ; si elle reparaissait, il faudrait répéter immédiatement la même opération, et ainsi de suite jusqu'au moment de consommer le fromage. Le corps gras qu'on emploie pour oindre le stracchino, est formé d'un tiers de graisse de reins de bœuf et de deux tiers de beurre, le tout fondu ensemble à feu lent, et épuré avec le plus grand soin ; on le mêle ensuite à froid avec une quantité suffisante de sel et un peu de poivre bien pulvérisés.

Le meilleur stracchino de Gorgonzola s'obtient du lait entier travaillé au sortir même du pis de la vache, c'est pour cela qu'on le nomme stracchino d'une crême (stracchino d'una panna), tandis que le stracchino dit *quartirolo*, est appelé d'une crême (d'una panna) lorsqu'il est fabriqué avec du lait écrêmé une fois, et de deux crêmes (e di due panne) lorsqu'il est fait avec du lait entier travaillé aussitôt après avoir été trait. Ceci est une imitation de ce qui se passe pour le lait qu'on emploie pour faire le fromage *granone:* on l'écrême deux fois, en opérant de la manière suivante. Le matin, lorsqu'on trait, on écrême le lait recueilli le soir, et on le mêle avec le lait chaud qu'on vient de traire. Après quelques heures de repos, on écrême de nouveau ce mélange de lait quand on veut le mettre dans le chaudron pour faire le fromage.

On fait cependant du stracchino de Gorgonzola de deux crêmes, c'est-à-dire avec du lait entier travaillé au sortir du pis de la vache, auquel on ajoute, avant de le cailler, la crême d'une quantité égale de lait. Afin de l'obtenir parfait, on doit prendre les précautions suivantes: 1° la crême qu'on veut ajouter, doit être enlevée du lait au moment où on veut l'appliquer à cet usage; il ne doit pas s'écouler plus de 10 heures de la nuit après qu'il a été trait : une crême plus vieille ne formerait pas corps avec le lait ; elle ne pourrait être que difficilement enveloppée par la matière caséeuse dans la coagulation, comme cela est nécessaire, puisque les matières oléagineuses ne caillent pas. D'un autre côté, la crême devance le lait de deux heures et même plus dans son acidification ; ainsi, si elle était plus vieille, ses grumeaux déjà trop volumineux ne pourraient être compris dans la coagulation de la matière caséeuse, et ceux qui, par hasard, s'y trouveraient renfermés, par cela même qu'ils auraient déjà acquis de la dureté, rendraient le stracchino mou, conséquemment, sa confection serait mauvaise. 2° La crême à employer doit être mise, aussitôt enlevée de dessus le lait, dans une marmite bien propre et placée sur de la braise et à un feu un peu lent ; il faut avoir soin de la remuer lentement, fréquemment et circulairement avec un petit bâton. Il est préférable d'employer le bain-marie pour empêcher la formation des grumeaux, et prévenir les autres accidens. Si on expose la crême ou toute autre substance albumineuse ou mucilagineuse à une forte chaleur de bois ou de braise, elle s'attache au fond du vase, brûle et communique une mauvaise odeur à toute la masse. Lorsque la chaleur est arrivée presque au degré d'ébullition, on ôte la marmite du feu, on laisse la vapeur se dégager pendant deux ou trois minutes environ, on jette la crême dans le lait fraîchement trait qui est à cailler; puis on la passe dans un tamis fin, et l'on remue la masse afin que l'un et l'autre se mêlent bien ensemble. On doit écrêmer et réchauffer la crême en même tems que l'on trait. Pour le lait à double crême (a doppia panna), il faut plus de présure qu'à l'ordinaire, afin qu'il caille environ 4 minutes plus tôt, sans cela, le stracchino deviendrait trop mûr. Lorsque le lait s'est coagulé avec plus de force et de promptitude, la crême qu'on y ajoute est mieux enveloppée par la matière caséeuse qui se caille, et le stracchino est plus gras; il ne se perd, en effet, dans le sérum qu'une bien moindre portion de l'huile de ce lait composé de deux crêmes. Si l'on ne prenait pas cette précaution, on n'obtiendrait pas l'effet désiré.

Le stracchino de Gorgonzola, travaillé à double crême, n'est pas une denrée ordinaire dans le commerce; les fabricans le font payer le double du stracchino commun; ils ne peuvent le fabriquer à meilleur compte, c'est pourquoi, quand on veut en avoir, il faut le commander exprès.

Après le stracchino de Gorgonzola, il faut placer cette qualité de fromage désignée sous le nom de *crescenza*, à cause de la propriété qu'a sa pâte, de se ramollir et de prendre l'aspect d'un gâteau appelé vulgairement *crescenza*.

La manière de le fabriquer ressemble beaucoup au procédé dont on se sert pour faire le stracchino; en effet, le fromage crescenza est fabriqué avec du lait nouvellement trait, et on ne l'obtient parfait que dans une saison avancée, et lorsque l'atmosphère est pure et le ciel serein. On fait cailler le lait destiné à être converti en *crescenza*, dans l'espace de 30 à 35 minutes : c'est donc un tems double de celui qui est nécessaire pour la fabrication du stracchino. Dès que le lait est coagulé, on rompt le caillé avec la *pannaruola*, en le réduisant en morceaux gros comme un petit pain rond d'un sou ; on a soin, dans cette opération, d'agiter le caillé le moins possible ; on le laisse ensuite reposer. Le caillé rompu, on le laisse mûrir ; mais lorsqu'on le met sur le linge, il doit être bien moins mûr que celui qu'on emploie pour faire le stracchino. On doit le placer sur les linges avec beaucoup d'attention, parce que, en agitant trop ce caillé tendre, on occasionerait l'écoulement de la partie grasse du lait, qui s'échapperait de la pâte mêlée au sérum qui égoutte. Quand on a mis le caillé sur le linge, on ne le suspend pas pour le faire égoutter, comme cela a lieu pour le stracchino; mais on le place dans un seau qu'on remplit de caillé; on l'y laisse jusqu'à ce que le sérum qui en sort s'élève au-dessus de la masse; on ôte alors le caillé du seau ; on vide le sérum et on le remet de nouveau dans le seau, en répétant ce manège de tems en tems, pendant trois heures environ ; après quoi, on l'enlève du seau, et on le place dans la forme. Si l'on ne veut pas que la pâte du fromage *crescenza* devienne acide, il faut la tenir dans un local où il y ait une température de 19° centigrades, et retourner la forme toutes les deux heures, jusqu'à ce que le fromage ait assez de consistance pour qu'on puisse enlever le linge; on le place alors sur de la paille, toujours renfermé dans la forme. Après cela, on le retourne moins souvent, jusqu'au moment de la salaison; cette opération s'exécute lorsque la pâte est sèche et que les faces de la forme commencent à se couvrir de la moississure dont il a été parlé ci-dessus; c'est le moment d'appliquer le sel bien écrasé et en petite quantité, sur la face supérieure de la forme; car la croûte du fromage *crescenza* ne doit pas durcir comme celle du stracchino. L'opération de la salaison doit être répétée toutes les quarante-huit heures, pendant six fois seulement, c'est-à-dire trois fois sur chaque face, en retournant la forme chaque fois qu'on sale. Deux ou trois jours après la salaison, on ôte la forme au fromage, et l'on continue de le retourner toutes les quarante-huit heures. Parvenu à ce point, il ne tardera pas à s'affaisser. Quand il sera difficile de le retourner à cause de son volume, on le placera sur une planchette de grandeur convenable, couverte d'une feuille de papier bien collé, qui permettra de le transporter au lieu même où il doit être consommé. Il est bon de donner au fromage *crescenza* une légère teinte de safran, pour rendre sa pâte plus agréable à l'œil. Le safran se met dans le linge avec la présure, lorsqu'on mêle celle-ci au lait ; de cette manière, la substance colorante se dissout et se distribue mieux.

La méthode que je viens de décrire est la plus profitable que l'on puisse employer dans la fabrication du *stracchino* de Gorgonzola et du fromage *crescenza*. Les différentes modifications à apporter dans l'emploi des agens chimiques et physiques, ainsi que dans la manipulation, sont indiquées par les circonstances spéciales relatives à la localité et à la saison; c'est au fabricant à les apprécier avec intelligence : toute recommandation, sans cela, devient inutile.

Le simple exposé que je présente ici, ne sera peut-être pas tout-à-fait inutile à ceux qui voudraient essayer de propager dans leurs fermes ce mode lucratif de travailler le lait; les fromages qui en proviennent, se répandent de plus en plus dans le commerce, et sont fort appréciés des étrangers : c'est un des produits les plus avantageux de notre industrie rurale.

FIN.

BIBLIOTHEQUE ROYALE

TABLE DES MATIÈRES.

FIN DE LA TABLE.

BIBLIOTHEQUE ROYALE
I

2.

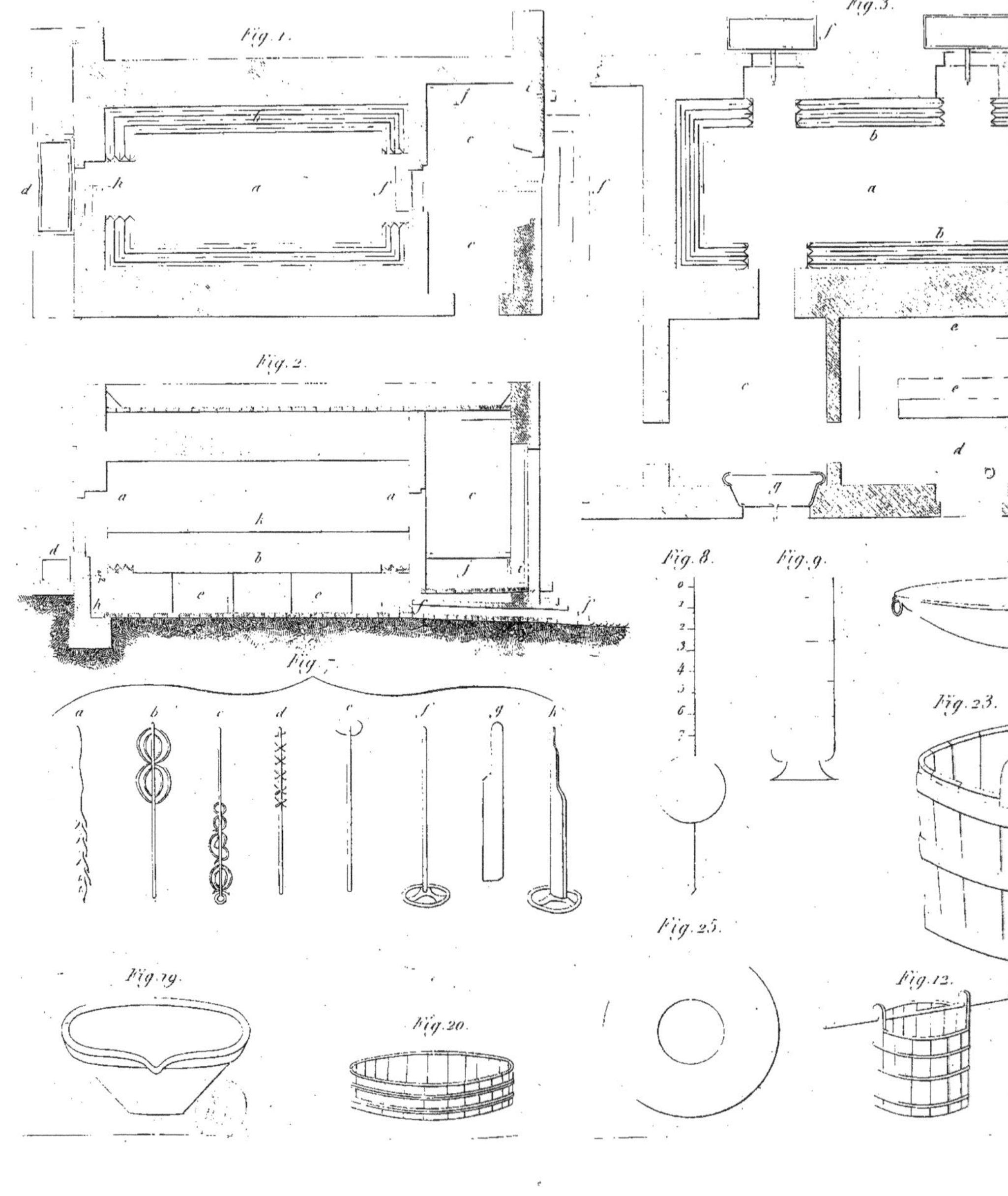
Fig. 1.
Fig. 2.
Fig. 3.
Fig. 7.
Fig. 8.
Fig. 9.
Fig. 23.
Fig. 25.
Fig. 19.
Fig. 20.
Fig. 12.

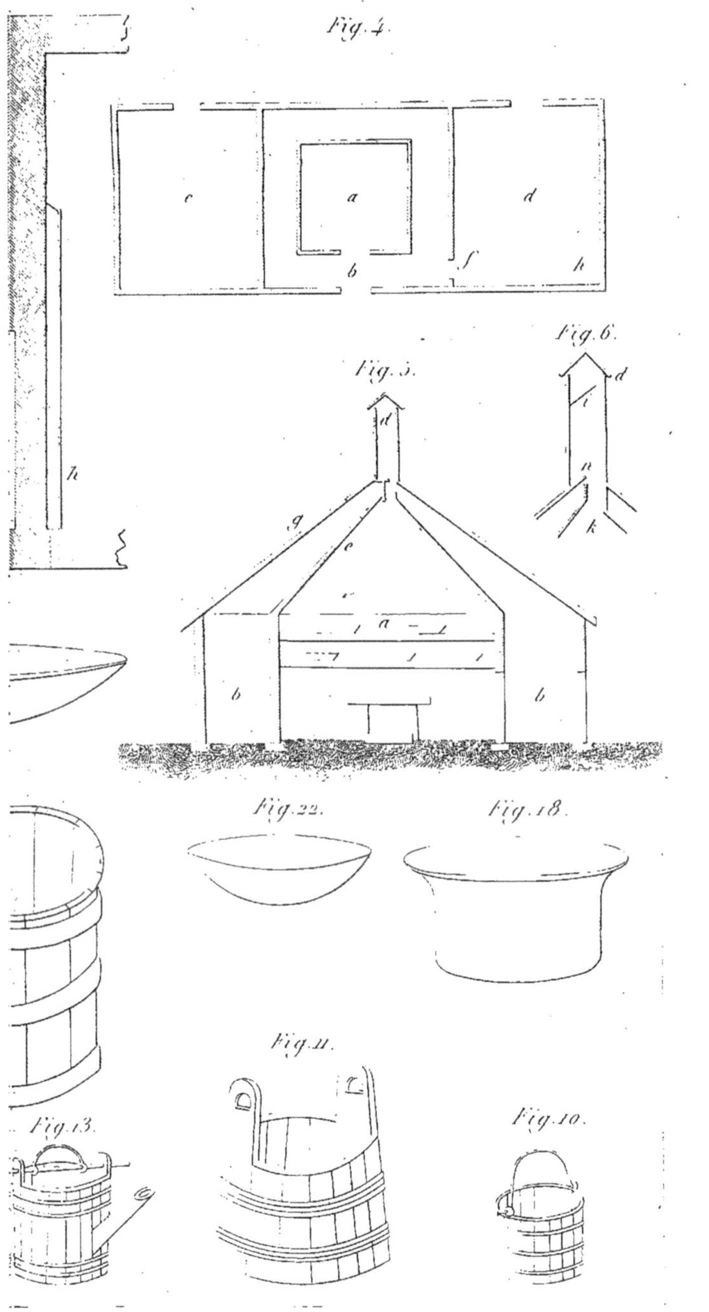
Fig. 4.
c
a
d
b
f
h
Fig. 5.
Fig. 6.
Fig. 22.
Fig. 18.
Fig. 11.
Fig. 13.
Fig. 10.

2.

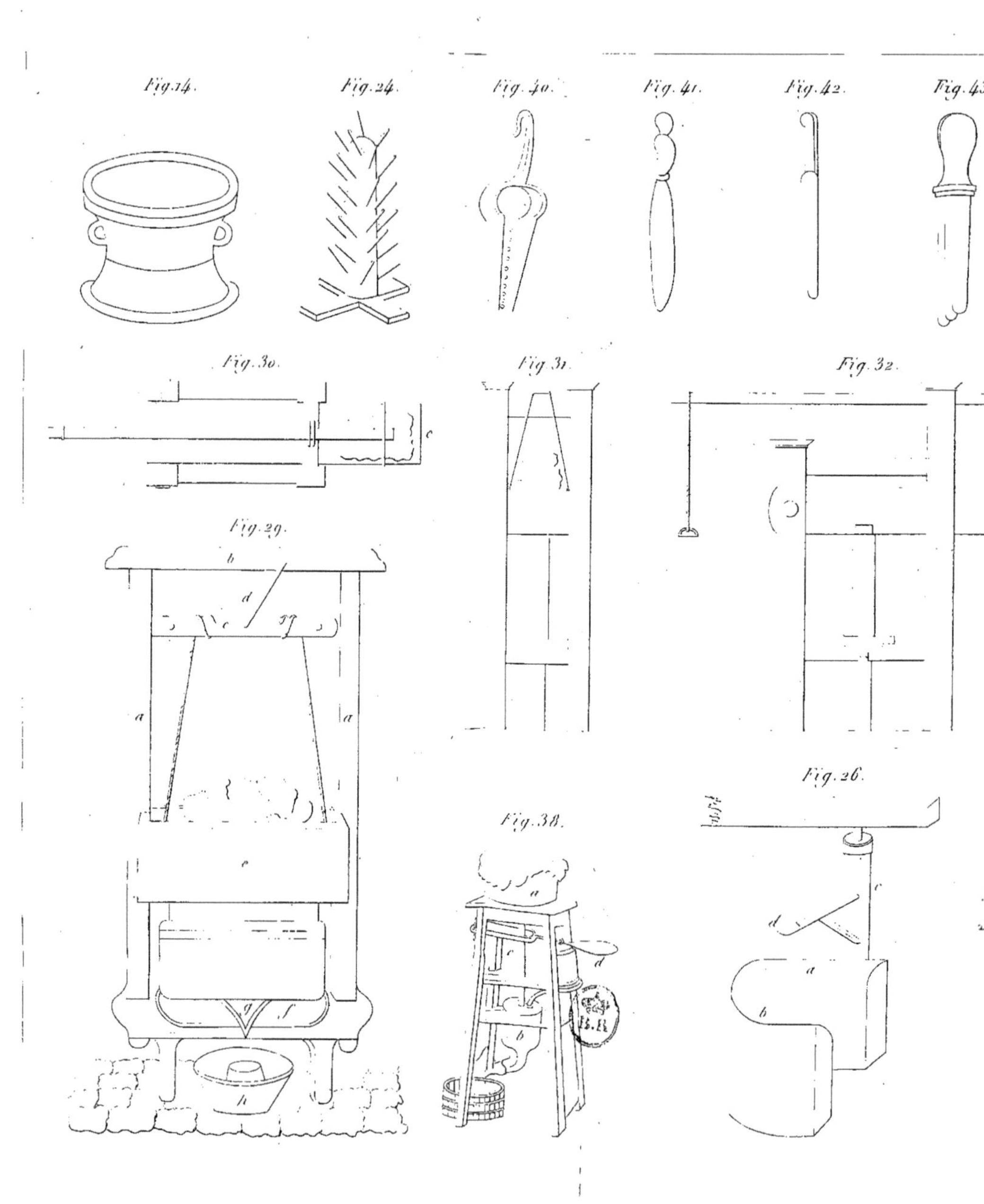

Fig. 14.
Fig. 24.
Fig. 40.
Fig. 41.
Fig. 42.
Fig. 43
Fig. 30.
Fig. 31.
Fig. 32.
Fig. 29.
Fig. 26.
Fig. 38.

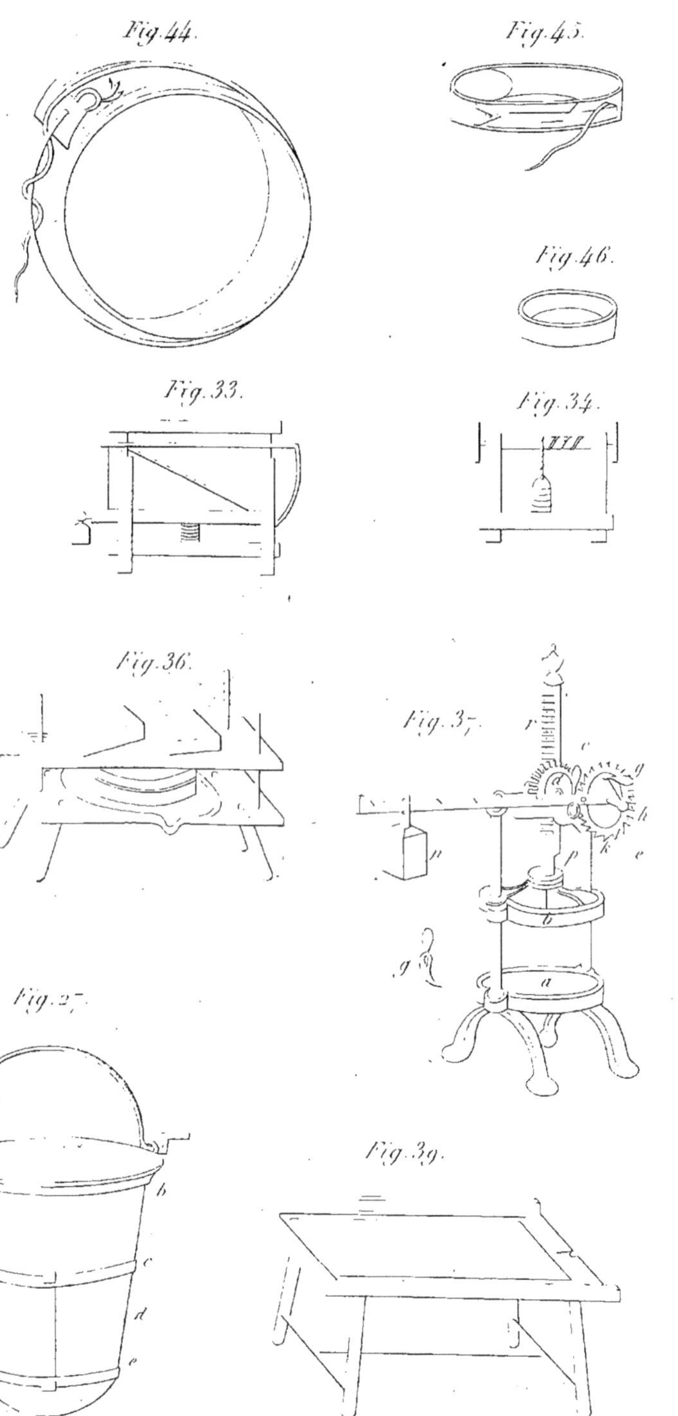
Fig. 44.
Fig. 45.
Fig. 46.
Fig. 33.
Fig. 34.
Fig. 36.
Fig. 37.
r
c
g
h
k
e
p
n
b
g
a
Fig. 27.
b
c
d
e
Fig. 39.

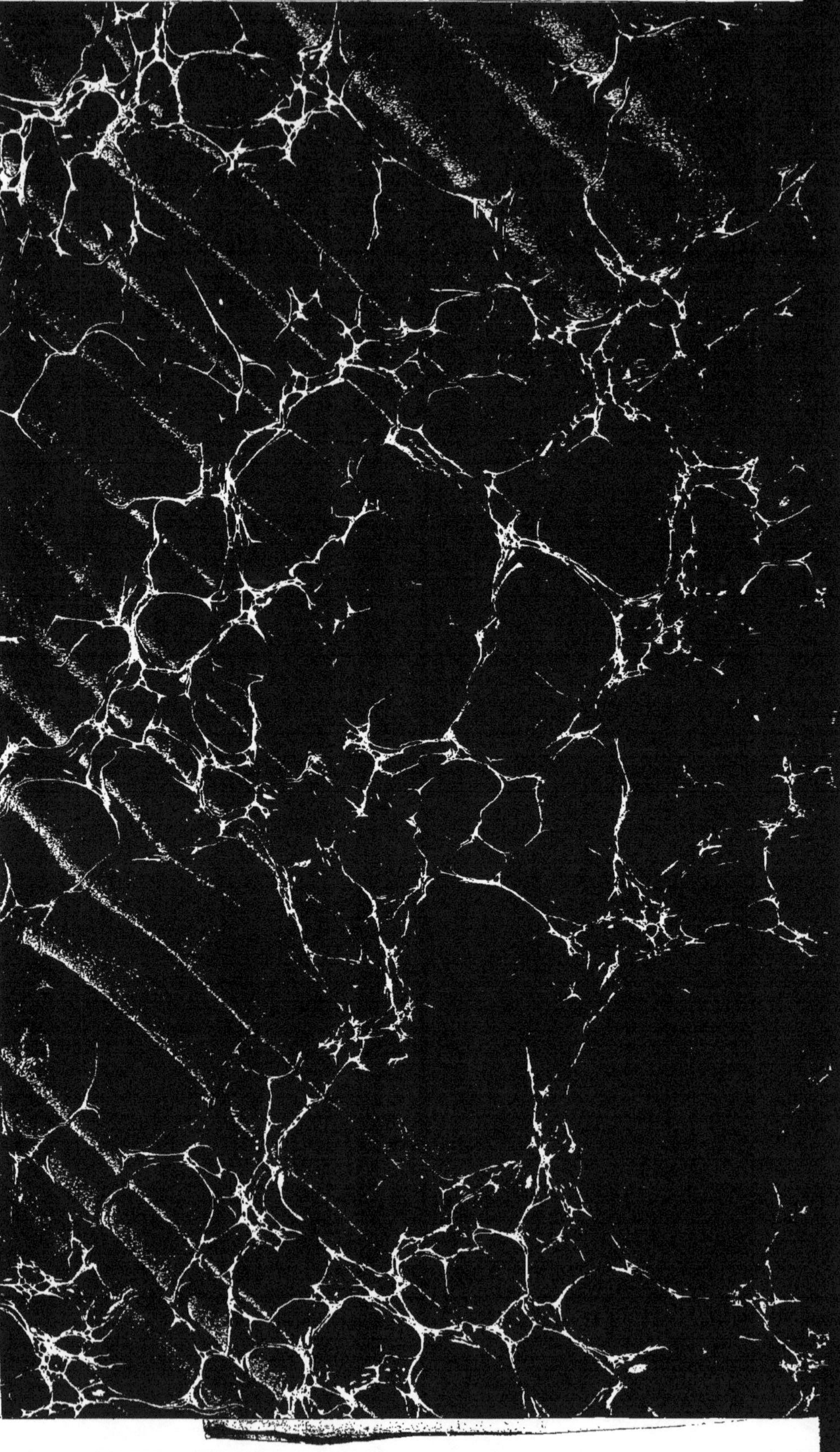

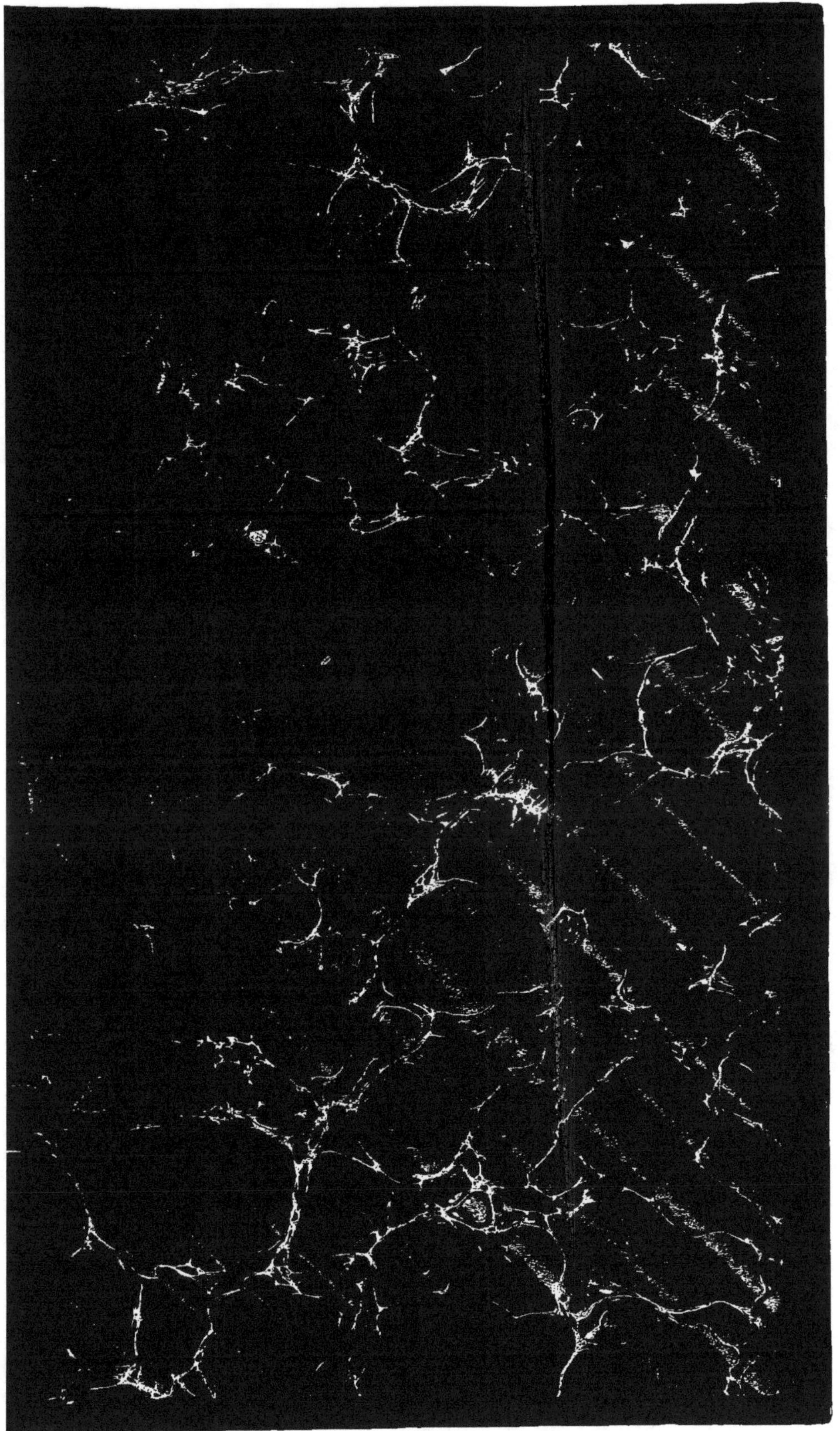

BIBLIOTHEQUE NATIONALE DE FRANCE
3 7531 00046630 1